BERICHTE ÜBER DIE VERHANDLUNGEN DER SÄCHSISCHEN AKADEMIE DER WISSENSCHAFTEN ZU LEIPZIG

*Mathematisch-naturwissenschaftliche Klasse*

*Band 99 · Heft 5*

*ROBERT BÖKER*

# DIE ENTSTEHUNG DER STERNSPHAERE ARATS

1952

AKADEMIE-VERLAG · BERLIN

BERICHTE ÜBER DIE VERHANDLUNGEN DER SÄCHSISCHEN
AKADEMIE DER WISSENSCHAFTEN ZU LEIPZIG

*Mathematisch-naturwissenschaftliche Klasse*

*Band 99 · Heft 5*

*ROBERT BÖKER*

# DIE ENTSTEHUNG DER STERNSPHAERE ARATS

1 9 5 2

AKADEMIE-VERLAG · BERLIN

Die Vignette gibt eine Abbildung wieder nach Daremberg-Saglio, I, Fig. 587, und stellt einen antiken Kameo aus dem Museo Borbonico dar.

Vorgelegt durch Herrn H ö l d e r in der Sitzung vom 15. Januar 1951
Manuskript eingeliefert am 10. April 1952
Druckfertig erklärt am 24. Sept. 1952

Erschienen im Akademie-Verlag GmbH., Berlin NW 7, Schiffbauerdamm 19
Veröffentlicht unter der Lizenznummer 1217
des Amtes für Literatur und Verlagswesen der Deutschen Demokratischen Republik
Satz und Druck der Buchdruckerei F. Mitzlaff, Rudolstadt/Thür. V/14/7 — 541
Bestell- und Verlagsnummer 2027/99/5
Preis: DM 5,60
Printed in Germany

# Inhaltsangabe

Teil A

# Die Aratanalyse

## § 1. Die Problemstellung

Hipparchs Versuch, die astronomische Richtigkeit der Angaben in dem Sterngedicht „*Phainomena*" des Arat nachzuprüfen, mußte mißlingen, weil die Prämissen zu seinen Urteilen falsch gewählt waren: er verwendete nämlich bei der Kontrolle sowohl des ersten Teiles des Gedichtes, der eigentlichen „*Phainomena*", als auch bei derjenigen des zweiten Teiles, der „*Gleichzeitigen Auf- und Untergänge*" der Gestirne, eine Sphaere, die auf den Horizont von Griechenland eingestellt war, „wo der längste Tag eine Dauer von $14^3/_5$ Stunden hat und die Polhöhe etwa $37^0$ beträgt"[1], und auf welcher die Kolure durch die Nullpunkte der Zeichen liefen mit einer sideralen Lage des Frühlingspunktes, die der Epoche Hipparchs entsprach. Alle drei Voraussetzungen waren für die Eudoxisch-Aratische Sphaerik nicht gültig[2], wie unsere Analyse herausstellen wird, und Hipparch urteilte an den Dingen vorbei, seine Kritik der Aratischen Angaben, die er mit denjenigen des „Eudoxos" in engste Beziehung setzt, ist von unserem heutigen Standpunkt aus gesehen verfehlt. Zwei Jahrtausende nach Hipparch unternahm ein deutscher Gelehrter den Versuch einer astronomischen Aratkritik mit anderen Mitteln:

[1] Manitius Hipp, S. 28, 25.

[2] Was man freilich vom Altertum bis in die Neuzeit, von Poseidonios bis Buhle und Knaack sich nicht klarmachte. Vgl. Maaß, Aratea, 1892, 307 ff; Buhle, Aratausgabe, 1801, II, 469; Kroll, R.-E. X, 458 u. XII, 1847; Rehm, R.-E. VIII, 1667; Hipp 28, 21 f u. 128, 21 ff; Knaack, Art. Aratos, R.-E. II, 396.

Dr. phil. Julius Höpken benutzt in seiner Arbeit „Über die Entstehung der Phaenomena des Eudoxos-Aratos“[1]) einen auf die Epochen 2800 v. Chr., 1500 v. Chr. und 800 v. Chr. eingestellten Globus und zeichnet danach drei Sternkarten in äquidistanter Polarprojektion mit zwölf eingetragenen Horizontovalen[2], um den Nachweis zu erbringen, daß die Beobachtungen zu den Angaben des Sterngedichtes über die Lage der Kolure, der Parallelkreise und der Horizontkreise in bezug auf die Sternbilder in diesen Epochen auf einer Breite von 32° 30′ (Babylon) gemacht worden seien.

Das zeitlich weite Hinaufrücken der griechischen Bilder hat aber keine Wahrscheinlichkeit für sich[3], und die Höpkensche Auflösung einiger Widersprüche in der Eudoxisch-Aratischen Überlieferung durch die Annahme zweier von Eudoxos übernommener und ineinander verarbeiteter Beobachtungsreihen aus den Jahren 1500 v. Chr. und 800 v. Chr. befriedigt so wenig, daß der Gedanke nahe lag, das Problem durch eine erneut aufgenommene Aratkritik zu lösen, die sich aufzubauen hat auf einer mittels verbesserter technischer Hilfsmittel durchgeführten Analyse der Astronomie des Dichters. Zu diesem Zwecke wurden Erprobungen der Angaben der „Gleichzeitigen Aufgänge“ an einem schnell einstellbaren Präzessionsglobus[4] vorgenommen, derart, daß versucht wurde, jede einzelne Behauptung Arats auf der Sphaere zu rekonstruieren, indem Polhöhe, Kolurstellung und Nullpunkt der ekliptikalen Zeichenzählung als Variable am Instrument behandelt

[1] Beilage zum Jahresbericht des Kgl. Wilhelms-Gymnasiums zu Emden, 1905.

[2] Vgl. P. V. Neugebauer, Astronomische Chronologie, 1929, S. 147 f.

[3] Boll-Gundel, Art. Sternbilder, Myth. Lex VI, Sp. 1048. — E. Zinner, Die griech. Himmelsbeschreibungen, Schicksalsscheiben usw. (= Naturforsch. Ges. Bamberg, Sonderdr. a. d. XXXI. Ber. 1948), S. 12.

[4] DRP. 661 764, Dr.-Jng Robert Böker, Präzessionsglobus. — Über die Verwendung eines solches Instrumentes bei historischen Untersuchungen vgl. Heinrich Vogt, Der Präzessionsglobus, ein chronologisches Werkzeug für Historiker und Philologen (Festschr. ?).

Benutzt wurde ein Globus der Firma Dietrich Reimer (E. Vohsen) Verlag, Berlin, mit einer Kugel von Dr. **H. Gewecke,** auf das Jahr 1900.

wurden, die so gegeneinander abgestimmt werden mußten, daß es gelang, die Eudoxisch-Aratische Überlieferung hinsichtlich der Stellung der Sternbilder zu den Kreisen, im besonderen zum Horizont, zu erfüllen. Durchprobiert wurden jeweils die Polhöhen von Kyzikos[1] (40° 23'), Tenedos (39° 50')[2], „Griechenland" (37°), Ninive (36° 20'), Kalach (36°), Assur (35° 30'), Tyrus (33° 16'), Babylon (32° 30'), Heliopolis (30°)[3] einerseits und die Zeit von —1500 bis —370[4] andererseits. Ferner wurde die Lage der Jahrespunkte angenommen auf dem Endpunkt des 15. Grades[5]. Ferner des 12.[6], 10.[7] und 8.[8] Grades, sowie am Anfang[9] der Zeichen, die selbst durchgängig zu 30° angenommen sind, was nicht selbstverständlich ist[10].

Mathematisch gesprochen läßt sich die Untersuchung ungefähr so anschaulich machen: In einem räumlichen Koordinatensystem der drei Variablen eingetragen, ist jede einzelne astronomische Angabe Arats in einem gewissen begrenzten, einfach zusammenhängenden Bereich erfüllbar, innerhalb des-

[1] Hier unterhielt Eudoxos um 370—368 v. Chr. eine Astronomenschule. Hultsch, R.-E. VI, 932; Böckh 150 ff. — Maaß, Aratea, p. 288 Anm.

[2] Kroll, R.-E. Suppl. IV, 912: „Die eine Tradition, die den Thales auf Tenedos sterben läßt, deutet Wilamowitz bei Diels (FV I, 8) in dem Sinne, daß man Kleostratus zu seinem Schüler gemacht habe."

[3] Hultsch, a. a. O., S. 938: Sternwarte des Eudoxos.

[4] Die ἀκμή des Eudoxos (= Lebensalter von 40 Jahren, Böckh, 151) fiel in die 103. Olympiade (368—365 v. Chr.).

[5] Hipparch, 132 ff. — Vgl. Boll Sph S. 62, Anm.

[6] Nach Achilles Tatius, Isagoge in Arat. 23 (Maaß comm p. 54, 18) wurden die Jahrespunkte auch auf den 12. Grad der Zeichen gesetzt (hierzu Böckh 196).

[7] Manilius III, 681.

[8] Kugler BMR 104 ff und 79 ff. — Böckh 185. — Pap. Mich. III, 149, van der Waerden, JNES X, 1951, 33, nach O. Neugebauer, Trans. Amer. Philos. Soc. XXXII, Nr. II, 1942, 251 f.

[9] Angebliche Methode Arats (Hipp 130). Zu dieser Setzung vgl. Tannery, Rech. 130. — καὶ ὑπὸ τῶν ἀρχαίων δὲ μαθηματικῶν - - τοῦτον τὸν τρόπον ὁ ζῳδιακὸς κύκλος διῄρητο. Hipp. 132, 6.

[10] Vgl. § 9.

selben können durch die Koordinatengrößen bei allen einander zugeordneten Polhöhen, ekliptikalen Zählungen und Frühlingspunktlagen die betreffenden Angaben am Globus sichtbar gemacht werden, nicht aber durch Werte außerhalb desselben. Die jeweiligen Bereiche der einzelnen Angaben Arats decken sich aber keineswegs miteinander, sondern nur mit einzelnen sich überschneidenden Teilen ihrer Räume. Es stellte sich jedoch heraus, daß ein gewisses kleines Gebiet des dreidimensionalen Variablenraumes allen Bereichen der Angaben Arats gemeinsam war, dieses Element repräsentiert mit seinen Werten den von uns gesuchten Zustand der Sphäre mit ihren Kreisen, welcher den „Gleichzeitigen Gestirnaufgängen" Arats zugrunde liegt.

Einzelne ganz wenige Angaben des Sterngedichtes zeigten Bereiche, welche so vollkommen abseits der anderen lagen, daß sie das eben genannte gemeinsame Raumelement der Variablen nicht enthielten, daß sich also ihre Bedingungen unmöglich mit den Bedingungen, welche die anderen Angaben verknüpfen, in Einklang bringen ließen. Die Angaben in solchen Außenseiterbereichen sind als sichere Fremdkörper, bzw. Fehler, im Arattext anzusprechen, hier hat die Überlieferungskritik einzusetzen und es wird sich zeigen, daß uns Erklärungs- und Lösungsmöglichkeiten nicht im Stich lassen. Ich muß im Nachstehenden die Anwesenheit einer Aratausgabe beim Leser voraussetzen.

Als Bedingungsdaten der aratischen Sphaere der „Gleichzeitigen Aufgänge", d. h. als Mittelpunktskoordinaten des Raumelementes soeben besprochener Art, wurden bestimmt:

a) Eine Polhöhe, die zwischen den Grenzen 32° 30′ (Babylon) und 33° 40′ (Tyrus in Phoinikien 33° 16′ und Sidon 33° 34′) anzunehmen ist,

b) eine Epoche um den Beginn des X. vorchr. Jahrh., mit einer Variabilitätsmöglichkeit von 30—40 Jahren vor oder nach —1000[1],

[1] Die Angaben des Scholiasten zum Arat (459, 17 M.), daß der Engonasin (Herkules) zwischen Wendekreis des Krebses (Dekl. + 24°) und dem „arkti-

c) eine Lage der Jahrespunkte (Kolure) auf dem Endpunkte des 15. Grades der Zeichen,

d) eine Lage des Nullpunktes der zodiakalen Zählung auf ungefähr dem 26. Grad der Ekliptik von 1900.

Mit diesen Feststellungen ist nicht gesagt, daß das Urbild der „aratischen" Sphäre in so früher Zeit entstanden sei oder gar etwa die Entstehung der griechischen außerzodiakalen Bilder so weit zurückzuverlegen sei (beide Erfindungen wollen wir nicht weiter als bis ins VI. vorchr. Jahrh. zurückdatieren).

Wir werden nachweisen können, daß die eigenartige frühe Epoche, welche unsere Analyse aufdeckt, ein rein technisches Ergebnis der Einteilung und Lagerung der Großkreise auf der Anaximandrisch-Kleostratischen Sphäre war, die den aratischen Feststellungen zugrunde gelegt ist. Unsere, die Globusablesung bestätigenden, Nachberechnungen[1] stellen wir auf das Jahr —1000 (= 1001 v. Chr.) ab, aus später zu erörternden Gründen, die Polhöhe setzen wir auf 33° fest. Wir rechnen auch nicht die Sternpositionen, von modernen Werten und Berechnungskonstanten ausgehend, auf die genannte Epoche um, sondern benutzen den ptolem. Katalog unter Abzug von 15° in den Längen, ungefähr entsprechend der Zeitspanne von 63 n. Chr. (Ptol.)[2] bis 1001 v. Chr. Wir versuchen damit den beachtlichen Sternvermessungsfehlern der Antike in etwas Rechnung zu tragen.

schen Kreise" sich ausdehne, trifft für diese Sphaerenstellung recht gut zu, denn $\alpha$ Herc., im Kopf der südlichste Stern, hatte um —1000 die Deklination 22° 11′, welche sich im Laufe der folgenden Jahrhunderte ständig verringerte, während $\tau$ Herc, am r. Knie, der nördlichste Stern des Bildes, um diese Zeit (bei 33° Polhöhe) 0° 55′ unter den Horizont tauchte, d. h., der Stern hatte eine Deklination von 56° 05′, die ebenfalls im Laufe des letzten vorchr. Jahrt. kräftig abnahm, so daß der Stern immer mehr vom „arktischen" Kreise Arats (Dekl.: + 57°) abrückte. Die Angabe des Scholiasten würde genau zutreffen ungefähr für die Mitte des XIV. vorchr. Jahrh.

[1] Aus Raumgründen nicht in den Druck aufgenommen.

[2] Joh. Elert Bode, Cl. Ptolemaeus' Beobachtung und Beschreibung der Gestirne, Berlin, 1795: 63 n. Chr.; Chr. Fr. Peters and Edward Ball Knobel, Ptolemy's Catalogue of stars, a revision of the Almagest,

## § 2. Die Quellen

Es wurden benutzt: Die zweibändige Aratausgabe von Joh. Th. Buhle, 1793—1801, die Ausgabe mit Übersetzung und vorzüglichen Anmerkungen von J. H. Voß, 1824, diejenige ferner von Immanuel Bekker, 1826[1]. Die neue Ausgabe von Ernst Maaß stand mir leider wegen der Kriegsverhältnisse nicht zur Verfügung. Im Laufe der Untersuchung stellte sich heraus, daß der eine der Interpreten des Arat, welcher in dem großen griechischen Scholion ausgeschrieben ist[2], entweder einen Kommentar zur Hand hatte, der mehr astronomisch richtige Dinge mitzuteilen wußte, als Arat selber zu vermelden hatte, oder aber selber astronomisch wohl geschult war, so daß vollständigere und zutreffendere Dinge durch ihn beigesteuert wurden, als aus dem Arattext allein herauszulesen waren. Schon Maaß vermutet (comm LVII und LXII), daß mindestens dieser eine[3] Interpret ein Fachastronom gewesen sein müsse. Der Scholiast selber verfügte nicht einmal über die dürftigsten astronomischen Kenntnisse, einen Blick auf den Globus hat er gar nie getan bei seiner Arbeit. Immer wieder versucht er, falsche Behauptungen Arats mit ihm anderweit gegebener richtiger astronomischer Überlieferung, durch Wortklauberei am Text, in Einklang zu bringen, wobei die größten Ungereimtheiten sich ergeben; vgl. Maaß, comm 354, 18; 383, 24; 355, 26; 363, 12; 374, 1 ff.; 382, 10, 25; 385, 17 ff.; 391, 8.

Zum weiteren Vergleich mit dem Arattext wurden die Eudoxosstellen bei Hipparch herangezogen, welche Maaß, Aratea, p. 279 ff., zusammengestellt hat: hierbei konnten einige

Carnegie Institution, Washington, 1915, errechnen die Epoche auf 58 n. Chr. — H. Vogt, Versuch einer Wiederherstellung von Hipparchs Fixsternverzeichnis, Astr. Nachr. Bd. 224, Lief. 2—3 (Nr. 5354—55), S. 25: 48 n. Chr.

[1] Ich zähle nachstehend die Verse nach dieser Ausgabe, mit ,1 und ,2 wird der erste oder der zweite Halbvers bezeichnet.

[2] Maaß comm, p. 334 ff.

[3] Maaß, Analecta Eratosthenica, 1883, p. 37, Anm. 51.

Überlieferungsfehler ausgemerzt werden, welche Arat bei der poetischen Umschrift seiner Vorlage gemacht hat. Die Fragmente des Attalos[1], welche Maaß comm, p. 1 ff, zusammengestellt hat, brachten keine Ausbeute an neuen Gesichtspunkten, wegen der nahezu vollständigen Zustimmung zu den Aratschen Behauptungen. Zu benutzen ist aber seine Angabe, daß das Drachenhaupt etwas in den Horizont einsinke (Hipp 34, 7 ff). Die „Verbesserung" Arats hinsichtlich des Unterganges des Cepheus (Hipp 64, 15 ff) ist aber ein Irrtum des Attalos.

Einige zusätzlich wichtige, nicht bei Arat auftretende, Angaben fanden sich in einem von Boll (Sph 59 ff) herausgegebenen Text des Vettius Valens über die astrologischen Eigenschaften der Zeichen nebst Aufzählung gleichzeitiger Sternbildaufgänge[2]. Valens benutzte ein astronomisches Lehrgedicht „*Sphairika*", dessen Verfasser er leider nicht nennt, welches aratunabhängige Angaben enthielt.

Die poetischen Aratparaphrasen der römischen Schriftsteller: Cicero[3], Caesar Germanicus[4] (um 15 n. Chr.), Hyginus[5], Zeit der Antoninen, Avienus[6] (Mitte des IV. nachchr. Jahrh.), bringen zum astronomischen Gehalt der Aratangaben nur dürftiges Material hinzu. Germanicus läßt aber erkennen, daß er stellenweise eine bessere, bzw. vollständigere, Überlieferung, als die uns erhaltenen Aratkommentare geben, benutzt hat. Die Abhängigkeit dieser lateinischen Bearbeiter untereinander, sowie von den Aratscholien, Hipparch

---

1 Astronom, älterer Zeitgenosse Hipparchs, kommentierte den Arat.

2 Vollständig bei Vettii Valentis Anthologiarum libri ed. Wilh. Kroll, 1898, p. 99. — Valens, ein Astrologe des II. nachchr. Jahrh., Zeit der Antoninen.

3 M. T. Ciceronis Arateorum Fragmenta, Buhle II, p. 3 ff.

4 Germanici Caesaris Aratea cum Scholiis, ed. Breysig, 1867; Germanicus Aratea, ed. Breysig, 1909.

5 Hygini Astronomica, ed. Bernh. Bunte, 1875.

6 Rufi Festi Avieni Aratea, ed. Breysig, 1882.

und Eratosthenes, ist vielfach Gegenstand eingehender Untersuchung gewesen[1, 2].

Auf Grund der Ergebnisse nachstehender Untersuchung dürfte es angebracht sein, vom philologischen Standpunkt aus die bisherigen Annahmen über die Quellen einer Revision zu unterziehen.

## § 3. Eigenarten und astronomische Fehler in der Aratischen Darstellung

Aus zwei Aratischen Angaben erkennen wir auf den ersten Blick, daß die Beobachtungen auf seiner Sphaere nicht in dem von ihm vv. 510 u. 497 definierten „Klima" (entspr. $40^0\,40'$ Breite [vgl. Manitius Hipp 292]) gemacht sein können: Arat spricht vv. 351 u. 368 vom Steuer der Argo, *πηδάλιον*, als Bildstern seiner Sphaere[3]. Dieses war definiert durch den Canopus, der aber zu keiner Zeit in Griechenland in einer geographischen Breite über $37^0$ sichtbar war. Zum anderen bemerkt Arat, daß das Haupt des Norddrachens dort, wo sich Aufgangs- und Untergangserscheinungen berühren (d. h. im Nordpunkt des Himmels)[4], den Horizont ein wenig unterschneide.

[1] Joh. Maybaum, de Cicerone et Germanico Arati interpretibus, Diss. Rostock, 1889. — Gustav Sieg, de Cicerone Germanico Avieno Arati interpretibus, Diss. Halle, 1886. — Paul von Winterfeld, de Rufi Festi Avieni metaphrasi Arateorum rec. et em. Diss. Berlin, 1895, S. 30 f. — Georg Dittmann, de Hygino Arati interprete, Diss. Leipzig, 1900, 43 ff. — Carl Ihlemann, de Rufi Festi Avieni in vertendis Arateis arte et ratione, Diss. Göttingen, 1909. — Kurt Schütze, Beiträge zum Verständnis der Phainomena Arats, Diss. Leipzig, 1935, § IV. — W. Kroll, Art. Julius Germanicus, R.-E. X, Sp. 458 ff.

Über die neueste Literatur zu diesem Thema vgl. W. Gundel, Jahr.-Ber. ü. d. Fortschr. d. klass. Altert. Wiss., Jahrg. 60, 1934, S. 28 u. 34. — Tolkiehn, R.-E. X, 642; Marx, R.-E. II, 2388.

[2] Maybaum, S. 43: *„Germ. igitur et Aratea et Hipparchea et Eudoxi rudes obsoletasque observationes promiscue adhibuit."* — *„Germanico ipsi amplus commentarius et doctus praesto erat."*

[3] Posidonios bei Cleom. cycl. theor. I, 10 irrt.

[4] Zu der Stelle vgl. A. Rehm, Griechische Windrosen, SBAW, 1916, Abh. 3, S. 26.

So deutet mit Recht Attalos die Aratstelle (Hipp 34, 7 f u. 20). Bei der von uns gewählten Polhöhe von 33° taucht β Draconis um —1000 knapp unter den Horizont[1]; der Stern hieß bei Hipp. „das südl. Auge", bei Ptol. „der oberhalb des Auges", lag also jedenfalls an der bei Schlangen sehr flachen Schädeldecke; er bleibt in höheren Breiten, entsprechend dem sich im Laufe der Zeiten wenig ändernden Polabstand, über dem Horizont und das Haupt kann dann nicht mehr „schwimmen und tauchen", Schol p. 351, 18 M.

Für die Sternbildbeschreibung Arats im ersten Teil des Gedichtes[2], in denen die Konstellationen behandelt werden, stimmt also das von ihm angegebene Klima nicht. Das wird sich bestätigen anläßlich der später erfolgenden Besprechung des Unterganges des Cepheus.

Eine weitere Eigenart bei Arat ist es, daß er unterschiedslos die Namen der Zodia einmal für die Bilder und zum anderen zur Bezeichnung der — um eine Zeichenausdehnung nach Westen verschobenen — Signa verwendet: v. 147 ff werden die mit dem Großen Bären zugleich kulminierenden Bilder Zwillinge, Krebs und Löwe genannt[3], v. 436 f jedoch die mit dem Kentauren kulminierenden „aratischen" Signa: Scheeren und Skorpion.

Da noch weitere Fälle vorkommen, in denen Arat bei der Verwendung der Namen Zodia vom Zeichen zum Bilde wechselt, ohne daß der Leser es merkt[4], so können uns Zweifel

---

[1] Der Polabstand von β Draconis ist nach Neugebauer, Taf. Chron. II: —1100 33°. 01, —1000 33°. 23, —600 34°. 08, —200 34°. 86.

[2] Über die Einteilung des Aratischen Gedichtes vgl. Knaack, Art. Aratos, R.-E. II, 395. — Das bei Arat v. 498 angegebene Verhältnis Tagbogen zu Nachtbogen = 5 : 3 findet sich bei Cleomedes, Martianus Capella und Gerbert wieder, van der Waerden, JNES X, 1951, 33 (nach O. Neugebauer).

[3] Weitere Beispiele finden sich in vv. 357, 386/7, 702.

[4] Ab v. 636 ist in den „Gleichzeitigen Aufgängen" ganz unvermerkt vom Skorpionbilde die Rede, in v. 647/8 kehrt Arat mit κείνου ἐπαντέλλοντος [sc. Σκορπίου] zu den Zeichen zurück.

aufkommen, ob Arat selbst überhaupt wußte, was sein Gewährsmann astronomisch meinte. So ist, v. 693, vom Aufgang des halben Bildes des Wassermannes die Rede und noch bis v. 700, 1 wird mit der Bemerkung ὁπότ' Ἰχθύες ἀντέλλωσιν am Bilde (hier der Fische) festgehalten. v. 701,2 werden aber mit den Worten ἐπ' Ἰχθύσιν die „Fische" erneut, nunmehr als Zeichen, eingeführt, daraus entstand zu den „Fischen", wie wir später sehen werden, die falsche Angabe über die Hydra und den Kentauren. Von v. 666,2 bis 668,1 werden die Paranatellonten[1] zum Bilde des Skorpiones genannt, in einem Atem aber darauf v. 668,2 bis 672,1, diejenigen zum Zeichen (hier natürlich immer „aratische" Zeichen gemeint). Ich sehe auch in der von Arat gestellten offenen Frage, ob der Gürtel des Perseus ganz und gar πανσυνδίῃ vom aufsteigenden Widder oder vom Stier erst über den Horizont getragen werde (v. 712ff), ein Schwanken zwischen der Paranatellontenserie einmal zu den Bildern (hier Widder), und zum anderen derjenigen zu den Zeichen (hier „aratisch" Stier).

Die Erkenntnis, daß der Dichter, bzw. sein Gewährsmann, zwei verschiedene Sternbilderaufgangsserien durcheinander verarbeitet hat, ist für unsere Analyse wertvoll, da sie uns offenkundige Traditionsverderbnis leichter erkennen läßt. So ist sicherlich die Zeichenverschiebung hinsichtlich der Aufgangs- und Untergangsverhältnisse des Cepheus auf dieses Konto zu buchen. Ein vollständiges Stück der Gestirnaufgangsliste zu den Tierkreis b i l d e r n ist uns bei G e r m a n i c u s erhalten v. 706–711: *Ortus Lanigeri* (also beim Widderaufgang) *properabunt condere sacrum turibulum; patrio fulgebit in aethere Perseus. Persea cum pennae* (die Flügelschuhe) *reddunt, iam Plias ab undis effugit et dextro tauri cognoscitur armo* (Schulterblatt). *Fixus ut in curru trahitur sine curribus ullis Myrtilos* (Fuhrmann). Weiter werden genannt Capella und Haedi, d. h. sämtliche Konstel-

[1] Von παρανατέλλειν „zugleich oder daneben mitaufgehen" der Constellationen, vgl. den Art. Paranatellonta v. W i l h e l m G u n d e l, R.-E. XVIII, 3, Sp. 1214—1275.

lationen zum astronomischen Zeichen des Widders, welches sich ungefähr mit dem Bild deckt. Germanicus fährt dann (v. 717 Tauro pistricis pariter usw.) mit echt aratischen Paranatellonten zum aratischen Zeichen „Stier" fort, d. h. er gibt eine Nachlese zum Bilde des Widders, springt (v. 719) aber wieder auf das Bild der Stiers über. Wir finden noch anderwärts bei Germanicus das Auftreten aratfremder Bildaufgänge, z. B. den Untergang der Capella zum Aufgang des Bildes des Schützen am Schluß nach der Aufzählung der Konstellationen zum Zeichen desselben (v. 685). Beachtenswert ist des Germanicus Bemerkung, daß der Gesamtuntergang des Bootes stattfinde von Scorpion (Bild) bis Steinbock (Bild), v. 595 f. Da der Römer im übrigen die Vertauschungen der Zeichen auf Bilder, die Arat bringt, unbekümmert ebenfalls aufführt, so müssen wir annehmen, daß seine Vorlage einen älteren Prototypus darstellt, als ihn Arat benutzt, eine Fassung, die noch mehr Zodiakalbilder-Paranatellonten anführte, als sie Arat aufgenommen hat.

Zwei Serien mit verschiedenen Bezugssystemen — der Bilderreihe und der verschobenen Zeichenreihe — haben ursprünglich nebeneinander bestanden, sind nebeneinander gestellt und letzten Endes zusammengeschrieben worden.

Daß der Verfasser der Grundlagen der Urphainomena seine Angaben von einem rechtsläufigen konvexen Globus mit in Rückenansicht aufgetragenen Bildern abgelesen hat, geht einwandfrei aus v. 60 hervor, wo von der rechten Schläfe des Drachenhauptes die Rede ist, welche den Nordpunkt streift, ferner aus der Tatsache, daß Arat v. 71 ff vom Rücken des Engonasin und v. 326 vom Rücken des Orion spricht; vgl. Schol. zu v. 251 (= p. 384, 20 ff M.)[1].

[1] E. Gürkoff, Die Katasterismen des Eratosthenes, Diss. Würzburg, 1913, S. 56 f bespricht die astrothetischen Widersprüche bei den antiken Astrognosten infolge wechselnder Auf- oder Untersicht der Bilder. Auf meiner Geweckekugel von 1900 sind noch heutzutage die Menschen Linkshänder. Hier könnte ein Normalisierungs-Formblatt nicht schaden. — Vgl. Zinner, Griech. Himmelsbeschr., S. 12.

## § 4. Die Methode der Analyse der „Gleichzeitigen Auf- und Untergänge bei Arat“ vv. 569—732

Adjustierung des Globus:

Wir stellen den Meridianring mit der Globuskugel im Gestell ein auf eine Polhöhe von genau 33°, den Kolurring auf das Jahr —1000, d. h. auf den Punkt 40° 14′ der Ekliptik von 1900[1] (= 40°. 2 der Geweckekugel (siehe § 1 Anm. 4, S. 6).

Die ekliptikale Zählung soll beginnen bei „Gewecke“ 25°. 2, volle 15° vor der Frühlingspunktlage. Die Ablesungen wurden am Globus für jeden der aratischen Sterne dreimal vorgenommen und das Mittel daraus gezogen, die damit gefundenen Werte der Höhen über oder unter dem Horizont sind um nur ungefähr $\pm{}^2/_3{}^0$ genau.

Bei horizontnahen Sternen wurden deshalb durch die Rechnung (z. T. mit dem astronomischen Rechengerät) Kontrollen vorgenommen, zusammengestellt in der Tabelle Teil C der Arbeit[2]. Die eigenartige Verschiebung der aratischen Zeichen um ein volles Ekliptikzwölftel nach vorn (Westen) wurde natürlich in Rücksicht gezogen.

Maßgeblich für die Beurteilung sind die Rechnungsergebnisse, denn da wir auf dem Globus die moderne Position der Sterne erblicken und da, wie wir aus der ptolemäischen Positionsliste wissen, im Altertum beachtliche Messungsfehler vorkamen[3], so müssen wir uns behelfsweise den antiken Werten insofern anzupassen versuchen, als wir uns die ptol. Liste zur Grundlage unserer Rechnungen nehmen, um nicht zu weit an den aratischen Aussagen vorbei zu operieren. Die Globusablesungen können uns also nur zur Anregung dienen, um im Groben festzustellen, welche Konstellationen soweit innerhalb der aratischen Zeichengrenzen

---

[1] Errechnet nach Präzessionstafel von James Hynes, Dublin.

[2] Nicht im Druck.

[3] E. Paci, Alcuni scandagli sulla esattenza del catalogo di 1022 stelle contenuto nella sintasi matematica di Tolomeo, Pubbl. del Reale Osservatorio di Palermo, 1913.

liegen, daß des Dichters Angabe als unbedingt zutreffend anzusprechen ist und welche Sterne andererseits auf dem Globus so nahe an den Grenzen liegen, daß sie vielleicht rechnungsmäßig innerhalb oder auch außerhalb derselben fallen könnten. Wenn wir gerade bei diesen grenznahen Sternen ein Zutreffen der aratischen Behauptungen feststellen konnten, dann ist das für uns rückwirkend eine Bestätigung, daß wir die Justierung unseres Globus richtig vorgenommen haben.

Die Refraktion wurde natürlich nicht berücksichtigt.

Die Identifizierung und Benennung der Sterne erfolgte nach den Listen bei Manitius (Hipp comm) p. 364 ff, und bei Ptolemäus in K. Manitius, Ptolemäus' Handbuch der Astronomie II, 1913, 32 ff (Syntaxis, Buch VII, cap. 5 bis Buch VIII, cap. 1). In der Tabelle habe ich die ptol. Bezeichnungen abgekürzt. Wo Sternbezeichnungen ohne Autor genannt sind, sind sie identisch bei Hipparch und Ptolemäus. Die griech. Buchstaben sind die Bayerschen Bezeichnungen (Uranometria, 1603). Keine bessere Kontrolle der sachlichen Angaben Arats, v. 569—732, sowie aller seiner Nachdichter, Interpreten und Scholiasten, können wir uns ermöglichen, als durch sorgfältiges Vergleichen der Lesungen und Textvarianten mit den Gegebenheiten der von mir dieser Arbeit beigegebenen beiden stereographischen Projektionen des Nord- und Südhimmels mit den aratischen Zeichengrenzen, d. h. den durch die Endpunkte der Zeichen definierten Horizontkreisbögen. Die anschraffierte Seite derselben gilt als „unter dem Horizont liegend". Die in Ringe eingeschlossenen Zeichen lese man „wenn das aratische Zeichen gerade seinen Aufgang vollendet hat"[1]. Danach korrespondiert das nachfolgende Peripheriezwölftel mit dem Aufgang des „aratischen" Nennzeichens, das vorhergehende aber mit dem Tierkreis-

[1] Die Notate über die Auf- und Untergänge der Zodiakalzeichen in den griechischen Kalendern (Wachsmuth, Ioannes Lydus) lassen erkennen, daß in der ältesten vollständigen Fassung zu einem kalendarischen Zeitpunkt jeweils genannt gewesen sein müssen: der (wahre) Aufgang des Zeichen-

bild selber, die Zeitfolge verläuft auf dem Nordplanisphaer gegen den Uhrzeigersinn, auf dem Südplanisphaer mit demselben. Die Stellen, wo bei der Paranatellontenangabe das Zeichen mit dem Bezirk des Bildes (also dem astronomischen Zeichen) verwechselt ist, habe ich mit einem Kreuzchen bezeichnet (+). Erläuternde Bemerkungen unsererseits sind in runde Klammern gesetzt. Wir sehen, daß die Sternbilder der „Gleichzeitigen Auf- und Untergänge“ Arats sich im allgemeinen vorzüglich in die durch die Horizontbögen gebildeten Zwickel einschmiegen; einige Anomalien will ich nachstehend versuchen zu erklären und zu beseitigen. Dort, wo die Überlieferung reichhaltigere und auch astronomisch richtigere Tatsachen mitteilt, als aus dem Arat herauszulesen ist, setze ich einen Asteriskus*. Man beachte die im Ausdruck präziser (d. h. astronomisch exakter) gefaßte Germanicusversion, die reichhaltigere Liste des Valens und die gelegentlichen (aber unsystematischen) Besserungen bei Pseudo-Eudoxos, dessen Angaben sich übrigens verschiedentlich auf die Bildbezirke beziehen (Hipp 142, 13 ff ♋; 138, 5 ff Ende ♊; 142, 8 ♈; 166, 15 ♏; 170, 22 ♓; 178, 21. Alles Enoptronversionen).

endes, der Aufgang des Anfanges des folgendes Zeichens, und der (wahre) Untergang des Endes und Anfanges der gegenüberliegenden Zeichen. Also vier ekliptikale Notate an einem Tag.

Die Abschreiber haben nun für ein bestimmtes Datum willkürlich eines dieser Notate herausgegriffen, manchmal wurde noch das eine oder andere Notat aus der Gruppe den benachbarten Tagen zugebilligt. Und obendrein wechselte von einem Zeichen zum anderen der Auswahlgrundsatz, so daß die Zwölferreihe vielfach in sich alle vier Zodiakalphasen in wechselnder Unordnung zeigt. Die älteste Fassung bezeichnete den Auf- oder Untergang des Endes eines Zeichens ausdrücklich mit ὅλος oder ὁλίκη (oder λήγειν), und bei Arat findet sich eine Reminiszenz an diese Ausdrucksweise (v. 606). In der literarischen Tradition verlor sich nun das Wörtchen ὅλος, und die Aufgänge zweier Zeichen standen plötzlich nebeneinander. So kam es zu der aratischen Zeichenauswechselung und zu anderen schwerwiegenden Störungen in der griechischen, theoretischen Kalendarik, die zu untersuchen mir die Aufgabe einer besonderen Arbeit geworden ist. Von ihrem Standpunkt aus äußern sich schon Hipparch p. 134, 3 ff Man. und Boll Sph 60 ff zu dem Problem.

## § 5. Kritik der Aratangaben[1]

Bezogen auf das Jahr: —1000, Polhöhe: 33°, Frühlingspunkt beim vollendeten 15. Grad des Widders.

Arat v. 569—589.

Mit Aufgang des Zeichens „**Krebs**" gehen unter die halbe Nordkrone (die restliche Hälfte bleibt noch über dem Horizont), die Rückenflosse des Südfisches und die oberen Körperteile des Engonasin (Herkules), ferner der Schlangenträger von den Knien bis an die Schultern — *εἰς ὤμους* —[2] und die Schlange in seiner Hand „um den Nacken", v. 578 *κατάγει δ' Ὄφιν αὐχένος ἐγγύς*[3], auch sinkt Bootes zum größeren Teile unter den Horizont. Es steigt aber auf Orion bis mit über das Schwert, „ganz mitbringend den Strom" (d. h. den Ursprung des Eridanus an seinem linken Fuße).

Varianten und Ergänzungen:

G e r m a n i c u s sagt: *anguis ultima cauda micat** (v. 593), wahrscheinlich nach der Angabe des „Eudoxos" (Hipp 138, 9 und 140, 19 Man.). Diese Beobachtung ist richtig, denn $\eta$ Serp. geht gerade noch mit unter, so daß das Ende des Schwanzes $\vartheta$ über dem Horizont bleibt. — Was Arat dem absinkenden Engonasin an oberen Körperteilen zu viel zubilligt, gibt ihm „Eudoxos" zu wenig, wenn er sagt, daß „der Kniende ganz sichtbar bleibe" (Hipp 138, 7). Die Wahrheit liegt in der Mitte, es gehen de facto nur unter die rechte erhobene Hand und der rechte Arm $\gamma$. — Der Interpret II sagt — in falscher Auslegung der aratischen Worte —, daß die Schlange b i s an den Nacken verschwinde (453, 1 M.), Hygin schreibt — ähnlich unzutreffend — (cancer obscurat): — — *Aguem totum praeter*

---

[1] Der Leser möge nunmehr die Planisphaeren herausklappen und laufend die Angaben mit dem Himmel vergleichen.

[2] Valens astron. richtig*: *Ὀφιοῦχος πλὴν τῆς κεφαλῆς δύνει.* — Germ. 592: *mergitur in totos umeros Ophiuchus.*

[3] Hierzu der Interpret I im Scholiasten (453, 3 M.), textkritisch falsch, aber a s t r o n. r i c h t i g*: *τουτέστι μέχρις αὐχένος ἀυτοῦ τοῦ Ὀφιούχου.*

*caput et cervicem* (110, 15 Bunte), die Schlange geht zu diesem Zeichen mit Windungen, Nacken und Haupt vollständig unter, also sind auch die Worte Hygins zum „Löwen“: *occidit — — cum capite et cervicibus Anguis* (a. a. O. 110, 19) eine unzutreffende Folgerung aus einer falschen Behauptung zum „Krebs“. — Bootes geht bis an die Brustwarzen unter (δ und γ, „in den Schultern“ Hipp). „Eudoxos“ und Germanicus (Hipp 138, 8 und Germ. v. 596) lassen nach Untergang des „Krebses“ nur noch den Kopf des Bootes sichtbar bleiben, Hygin sagt: *Booten prope totum terra tenet tectum* (110, 17), hier drückt sich Arat richtiger aus, daß das Bild im Bezirk über dem Horizont „nicht mehr groß“ sei. — Der Südfisch, wie ihn die spätere (ptolem.) Astrothesie sah, bleibt ganz über dem Horizont, γ Gruis, den Hipp. noch in den Schwanz setzte, ist freilich untergegangen[1], wir müssen annehmen, daß die aratische Vorlage in diesem Stern die Rückenflosse ῥάχις sah, entsprechend der Eigenart des Bildes, daß es mit dem Bauch nach oben gerichtet am Himmel gesehen wurde, so wie es auch heute noch auf den Sternkarten erscheint (vgl. Schol 452, 23 ff). „Eudoxos“ drückt sich ganz unzutreffend aus, wenn er sagt, daß sichtbar bleibe τοῦ Νοτίου Ἰχθύος τὸ πρὸς τὴν κεφαλήν (138, 10 M.). — Auch seine Behauptung, daß der Orion ganz aufgehe, ist ungenau, da der Stern κ unter dem Horizont bleibt. Hygin wiederum läßt ihn nur b i s zum Gürtel aufgehen. Erfreulich exakt ist Germ. v. 601, der die aufgehenden Sterne des Orionbildes direkt aufzählt und zwar vollständig: Schultern, Gürtel, Schwertscheide und linker Fuß (v. 722 „Anfang des Flusses“), also κ im rechten Knie (bzw. Fuß)[2] erscheint noch nicht. Hinsichtlich des Hasen scheint der Interpret etwas mehr zu wissen als Arat, denn er erzählt recht hübsch und astron. richtig, daß mit dem „Krebs“

[1] Danach schreibt Germ. v. 591: *occidit et dorso piscis caudaque priore**, was Hygin verballhornt zu *obscurat — — caudam Pistricis* (!) *et notium piscem.*

[2] Bei Hipp, anatomisch unmöglich: „im rechten Fuß“. Die höchst eigenartige Zusammenhockung der unteren Gliedmaßen bei Cepheus, Orion, Wassermann und Fuhrmann in der Astrothesie Hipparchs verdient eine gelegentliche, erklärende Beachtung.

nur die äußersten Ohren ($\iota$) aufgingen* (456, 24 M.), es habe sich aber für den Dichter nicht gelohnt, bei den kleinen Sternchen dies besonders zu erwähnen, deshalb würde der Hase erst zum nächsten Zeichen genannt.

Arat v. 590—595:

Mit Aufgang des **„Löwen“** gehen unter: die restlichen Teile des Bootes, der Nordkrone und des Schlangenträgers, ferner gehen unter der Adler, und das „andere“ vom Körper des Engonasin, nicht aber sein l. Knie [$\vartheta$] und l. Fuß. — Es gehen auf das Haupt der Hydra, der Hase, der kleine Hund mit Prokyon und der große Hund mit den vorderen Läufen [$\beta$, $\xi$].

Der Globus erweist die Richtigkeit der Angaben.

„Eudoxos“ drückt sich spezieller und unvollständiger aus, er sagt, daß der Kopf des Bootes untergehe (Hipp 142, 18 M.), bei Arat bleibt wenigstens der hierher gehörige Untergang der Schultern offen. — Das r e c h t e gebeugte Bein des Engonasin [$\tau$], welches nur dunkle Sterne enthält, geht wie das linke mit dem nächsten Zeichen astron. unter, es ist vorstehend bei Arat vernachlässigt. Die röm. Dichter legen Arat falsch aus, wenn sie den Engonasin bis an den Unterschenkel (Germ. 608) oder bis an die Kniebeuge untergehen lassen (Avien v. 1108), unsere Analyse zeigt, daß die Gestalt nur bis an die Weichteile des Oberschenkels untergeht, wobei das Knie selber noch beachtlich über dem Horizont bleibt. — Ich betrachte es als eine Art experimentum crucis für die Richtigkeit unserer Globuseinstellung, daß tatsächlich die Hinterpfoten des großen Hundes [$\varepsilon$] noch unter dem Horizont bleiben.

Gute Globusbeachtung wird von den Römern wiedergegeben:

Germ. 604: *At cum prima iuba* radiarit flamma leonis — — omne abit atque feri venientis defugit ora*, oder Avien 1103: *Adveniente dehinc villoso colla leone, omnia — — — abeunt*, tatsächlich geht das — von Arat nicht genannte — B i l d des Löwen mit diesem Zeichen nur mit Kopf, Rachen und Hals bis zur Mähne auf.

Arat v. 596—606:

Mit Aufgang der **„Jungfrau“** gehen unter: die Leier, der Delphin, der Pfeil[1], der Schwan, außer einem restlichen Flügelteil und außer dem Schwanz, ferner die südlichsten Teile, *παρηορίαι*, des Flusses und der Pegasus mit Kopf und Nacken. Es gehen auf die Hydra bis an den Becher[2], der Rest des großen Hundes mit den hinteren Läufen und das Hinterteil des Argo bis Mitte Mast.

Der Globus bestätigt die Angaben.

Die Verse Arats 605/06 *[Ἀργω] ἡ δὲ θέει γαίης ἱστὸν διχόωσα κατ' αὐτόν* haben den Kommentatoren seit jeher Schwierigkeiten bereitet (Hipp comm 154, 21 ff; Schol 457, 27 ff und 458, 22 ff). Die Übersetzung von Voß, im Anschluß an Hipparchs Meinung, läßt unbefriedigt, desgleichen die von Manitius (Hipp 155). Die richtige Auslegung gibt Attalos (Hipp 154, 24 ff), der die Worte des Dichters dahin erklärt, daß die Argo ,,bis zur Mitte des Mastes“ aufgehe. Siehe unser Südplanisphaer: Der Mast ist nach klass. Astrothesie nach rückwärts ins Schiff umgelegt.

Arat v. 607—633:

Mit dem Aufgang der **„Scheeren“** [♎] gehen auf: der Bootes ganz, *ἀθρόος*, ,,auf einmal“, die Argo vollständig, die Hydra ohne den Schwanz, der rechte Unterschenkel des Engonasin bis zum Knie, der Roßschweif des Kentauren und die halbe Nordkrone. Es gehen unter: der Körper des Pegasus mit dem Haupt der Andromeda, der Schwanz des Schwanes [$\alpha$] und

---

[1] Valens erwähnt hier zwischen Leier und Schwan ein Sternbild *ξεῦγμα*, darunter ist der in astrologischen Texten gelegentlich auftretende Dachbinder oder Brückenbalken (über die Milchstraße) gemeint, den man in den Sternen $\xi$, $\varepsilon$, $\gamma$, $\delta$ Cygni zu sehen glaubte.

[2] Tatsächlich werden wir mit dem Aufgang dieses Zeichens ,,Jungfrau“ bis an den Becher genau herangeführt, eine sehr befriedigende Bestätigung für die Richtigkeit unserer ekliptikalen Zählung; der Stern, den Ptolemäus $\nu$ Hydrae nannte, hieß bei Hipparch ,,der nördlichere v. denen a. Fuße d. Mischkruges“.

der Walfisch vom Schwanz bis Rückenborsten, ἐς λοφιήν, ferner Cepheus+ mit Haupt, Hand[1] und Schulter (so die Hss.), bei Hipp. aber „Schultern" nach „Eudoxos" (comm 158, 21)[2], Germ 643: *caput abditur ipse, — — alias intactus ab undis.* Schol 460, 23: τοῦ κηφέως ἡ κεφαλή, beide nach Hipparch 72, 27 ff M.

Die aratischen Angaben zeigen manche astronomischen Unstimmigkeiten: die Nordkrone steht erst im Aufgang begriffen. Es kann keine Rede davon sein, daß die halbe Krone aufgehe (vielleicht Dittographie vom „Krebs" her), vgl. Schol 463, 26. Falsch ist die Angabe über den Cepheus, es geht einzig und allein seine rechte nach dem nördlichen Flügel des Schwanes ausgestreckte Hand[3] unter. Vorzüglich ist die Angabe Arats, daß der Walfisch vom Schwanz bis Nackenhaar[4] mit diesem Zeichen untergehe.

Ebensogut am Globus festgestellt ist die Beobachtung, daß der Bootes vollständig und geschlossen aufgehe (M a y b a u m S. 47 übersetzt: *statim totus exoritur*), es bleibt tatsächlich nicht der kleinste Stern des Bildes mehr über dem Horizont, nachdem mit dem Ende des Zeichens ζ gerade sichtbar geworden ist. Der erst aufgehende Stern des Bootesbildes (i. d. l. Schulter) ging mit den letzten Graden der aratischen „Jungfrau" auf, so daß man ohne großen Fehler wohl sagen konnte, die ganze Konstellation ginge geschlossen und auf einen Zug mit den „Scheeren" auf.

Arat v. 634/35[5]; 647—663; 667—672:

Mit dem Aufgang des **„Skorpiones"** gehen auf: die zweite Hälfte der Nordkrone, der Schwanz der Hydra, der Leib und

---

[1] Voß: *χερσί,* Hipp: *χεῖραι,* Buhle: *χειρί.*

[2] Auch Hygin, Cicero und Avien reden von „Haupt, Händen und Schultern". Belegstellen bei V o ß , S. 111, Anm. Diese gehen aber bei Aufgang des B i l d e s der Scheeren unter, nicht des Zeichens.

[3] Vgl. den Teukrostext, Boll Sph, S. 29, 22 u. 93. — Eudoxos bei Hipp 18, 16.

[4] Nahe bei *α* Pisc., Arat v. 364.

[5] Die Verse 636—646 gehören nicht zu den „Gleichzeitigen Aufgängen", sie sind ein Einschub aus den Mythenerzählungen der voreratosthenischen

das Haupt des Centauren und der Wolf+ in seiner Rechten, ferner Hände+ und Kopf+ des Schlangenträgers+, Haupt und Vorderteil der Schlange bis an die erste Windung, sowie der rechte Arm, Beine, Gürtel, Brust und Schultern des Engonasin. Es gehen unter: die Krümmungen (Plur.!) des Eridanus, der östl. Teil der Andromeda und des Walfisches, die Cassiopeia mit dem Körper bis an die Knie, Cepheus scharrt mit dem Gürtel die Erde+.

Sämtliche Sterne des Wolfes sind noch unter dem Horizont. Die Streifen des Cepheusgürtels im Nordpunkt des Himmels am Horizont finden erst mit dem nächsten Zeichen statt[1] bei Aufgang des Skorpion b i l d e s. Analog müssen — aratisch gedacht — die Angaben über den Aufgang des Oberkörpers des Cepheus aus dem vorigen Zeichen in dieses Zeichen versetzt werden. Beim Skorpion besteht immer wieder die Neigung, die Zählung vom Zeichen auf das Bild zu wechseln. Es streift ein Punkt der Sphäre, welcher $1\frac{1}{2}^0$ polabseits von $\beta$ Cephei liegt[2], dieser Stern selbst bleibt um diesen Gradbetrag beim Meridiandurchgang oberhalb der Horizontlinie. Er heißt bei Ptolem. „der unter dem Gürtel", danach deckt sich die aratische Bildvorstellung genau mit der ptolem., denn der Gürtel muß sich polabseits von $\beta$ Cephei befinden, und das Bild taucht ja kopfüber den Oberkörper unter den Horizont.

Durch Vergleich mit „Eudoxos" und dem Scholiasten können wir hier einige Fehler Arats richtigstellen. Unsere Untersuchung zum nächsten Zeichen wird zeigen, wie diese Fehler zustande kamen. — Nach Eudoxos geht nur die linke Hand [$\delta$, $\varepsilon$] des Ophiuchus auf, nicht Kopf und Hände (Hipp 162, 4 ff),

Katasterismen, in welchen das Sternbild Orion in legendarische Beziehung zum Skorpion gesetzt wurde. Vgl. K. O. M ü l l e r, Prol. z. e. wiss. Mythol., 1825, 194, und K ü e n t z l e, Myth. Lex. III, 1, Sp. 1047.

[1] $\beta$ Cephei um —1000: Dekl. $58^0\,31'$, RA $308^0\,31'$.

[2] Germ zum Schützen v. 680: *radit tellurem rediens cum sidere Cepheus.* Das ist eine interessante Angabe, denn dort, wo Arat zum aratischen Zeichen „Scorpion" diese Gürtelangabe macht, verlegt sie Germanicus in das a s t r o - n o m i s c h e Zeichen „Scorpion".

aber auch das ist astronomisch nicht richtig. Der Wolf (Lupus) wird nach Eudoxos — richtigerweise — erst mit dem nächsten Zeichen sichtbar*. Der Scholiast sagt (464, 8 ff M.), daß der Centaur nur bis zur rechten Hand ($\chi$) aufgehe*, in der er das „Tier“ halte. Er bemerkt ferner richtig, daß die Windung der Serpens und der Körper mit den Händen (sehr gut!) des Ophiuchus erst mit dem „Schützen“ (aratischer Signatur) aufgehen*. Die Römer wissen von diesen astronomisch richtigen Überlieferungen — besser als Arat! — nichts.

Arat v. 664—666; 673—678; 684—688:

Mit Aufgang des **„Schützen“** gehen auf: die Vorderbeine des Centauren [$\alpha, \beta$], die Windung der Schlange und der Leib des Schlangenträgers; Haupt und linke Hand des Engonasin; die Leier; Cepheus bis zur Brust[1]. Es gehen unter: der große Hund mit Sirius ganz, ganz auch Orion und Hase, der Fuhrmann nur bis unterhalb der Hüfte, Perseus bis zum Knie [$\mu$] des rechten Beines und die Argo bis an die Wölbung des Hecks. „Eudoxos“ verwendet astronomisch richtig die echten (nicht aratischen) Zeichen, wenn er sagt, daß der rechte Flügel des Schwanes mit dem Skorpion aufgehe und der Körper mit dem Schützen (Hipp 166, 15).

Der Globus bestätigt die Angaben für die aufgehenden Bilder, jedoch ist der ganze Körper des großen Hundes mit Sirius noch über dem Horizont, noch viel mehr das Heck der Argo. $\varepsilon$ und $\zeta$, $\eta$ Aurigae (Böckchen) gehen jedoch jetzt unter, während Arat v. 679 ihren Untergang zum nächsten Zeichen „Steinbock“ nennt. Perseus geht bis an den weit nördlich ausgestreckten Fuß unter und nicht nur bis zum Knie. Es herrscht also hier bei den Untergängen eine beträchtliche Verwirrung. Eine astronomisch vorzügliche, richtige Globusablesung macht der Interpret beim Scholiasten, S. 466, 1 M.: *τὰ τοῦ Ὠρίωνος*

---

[1] Diese Angabe stimmt, wie das Planisphaer ausweist, wiederum erst für das aratische Zeichen Steinbock, d. h. für den Bezirk des Bildes des Schützen. Avien v. 1227 beschreibt hier den Cepheusaufgang „*nondum pectora liber agit*“.

πάντα κατέρχεται πλὴν τῆς χειρός, ἤγουν τῆς δεξιᾶς [ξ, ν Ori] (vgl. das Nordplanisphaer hierzu).

Dieser Aratkommentator hat also sich sein Instrument vorgenommen, die Aratangaben nachgesehen und richtig vervollständigt. Während Hygin hinzuphantasiert, daß der obere Teil des Fuhrmannes unterginge mit Haupt und Füßen (sic!) 111, 22, Bunte.

Arat v. 679—684; 689—692:

Mit Aufgang des „**Steinbocks**" gehen auf: Adler, Schwan, Pfeil, Altar. Es gehen unter: der Fuhrmann mit Haupt, rechter Hand (nur diese) und Hüfte und dazu die Böckchen und die Capella auf seiner linken Hand und Schulter, ferner der Rest des Perseus, die Argo ganz, sowie Prokyon (kleiner Hund).

Nach Germanicus v. 691 und Avien v. 1260 geht auch der Delphin* mit diesem Zeichen auf[1]. Wenn außerdem Germ v. 692 hier die Minoia nota corona im Aufgang nennt[2], dann meint er die Südkrone, wie unser Planisphär ausweist, ein aratfremdes Bild.

Eudoxos hinwieder sagt (Hipp 166, 17) folgerichtig zu den vorhergehenden Zeichen und ihren Paranatellonten, daß der Rest des Schwanes (ζ, wie wir im Bilde sehen) aufgehe, zum astronomischen Zeichen Steinbock.

Bis auf die merkwürdig verschränkte und in sich widerspruchsvolle Beschreibung Arats über den Untergang der Böckchen auf der linken Hand, bestätigt der Globus das Gesagte, freilich bleibt die Spitze des südlichen Flügels des Schwanes noch unter dem Horizont. Der Delphin geht bis auf einen kleinen Rest mit diesem aratischen Zeichen auf, wie der Globus und die Rechnung ausweist.

Die Römer sind wahrscheinlich beeinflußt von Hipparch, welcher auf seiner Sphaere nach seinen Feststellungen

[1] Es hat sich ein Meinungsstreit der Gelehrten entwickelt, ob der Delphin schon von Arat genannt wurde oder nicht (vgl. Voß, S. 120, und die Aratausgaben).

[2] von Breysig als interpoliert bezeichnet.

den Delphin ganz mit dem „Schützen“ aufgehen läßt, was mit einer zutreffenden Beurteilung der aratischen Überlieferung nichts zu tun hat, Hipp 170, 12: *ὁ δὲ Δελφὶς ὅλος τῷ Τοξότῃ* (= arat. ♑) *συνανατέλλει.*

Arat v. 693—698:

Mit Aufgang des **„halben Wassermanns“** steigen auf: Haupt und Füße des Pegasus. Es gehen unter: der Schweif des Centauren, Kopf und Nackenwindung der Hydra.

„Eudoxos“ fügt außer dem Delphin noch den Aufgang der Cassiopeia hinzu* (Hipp 168, 2) und so schreibt auch V a l e n s.

Der Globus bestätigt sämtliche Angaben, vom Delphin fällt nur noch der letztaufgehende Stern γ unter dieses Zeichen. ν Hydrae, der erstuntergehende Stern des Mischkruges (nach Hipp) überschreitet soeben den Westhorizont, V a l e n s sagt deshalb — als Einziger und astronomisch richtig zum Steinbock —: *τὰ σκέλη τῆς Ὕδρας ἄχρι τῆς κρατῆρος**, p. 11, 21 Kroll. Wir machen darauf aufmerksam, daß Arat hier nicht vom Zeichen des Wassermannes spricht, sondern vom halben B i l d e , welches bis zum Zwerchfell mit dem astron. Zeichen des Steinbocks über dem Horizont erschien. Hipp knüpft daran schon einige richtige Bemerkungen (p. 168, 25 ff. — vgl. Hyg 112, 2 B.). Da der Gewährsmann von Arat nun wahrscheinlich nicht mit dem „zweiten halben Wassermann“ weiterrechnete, sondern sogleich auf die Fische überging, so kann an dieser Stelle der Ausgangsort für die verschobene Durchzählung der Zeichen liegen.

Arat v. 699—708.

Mit Aufgang der **„Fische“** gehen auf: der Südfisch bis auf einen Rest, ferner von der Andromeda Hände, Schultern, Knie und die Körperteile zur Rechten. Es gehen unter: der ganze zweite Teil der Hydra und der restliche⁺ Körper des Centauren.

Auch hier bringt V a l e n s astronomisch richtigere Bemerkungen (vgl. Boll Sph 62 oben) *τὰ λοιπὰ . . τῆς Ὕδρας ἄχρι τοῦ κόρακος* [*δ], ebenso „Eudoxos“ (Hipp 170, 23), dieser sagt auch, daß vom Perseus die rechte Hand aufgehe, was durchaus stimmt[1], Haupt und rechte Schulter hätten aber hier erwähnt werden müssen. Hinsichtlich des Centauren und der Hydra liegt ein Irrtum Arats vor, der auch hier wieder aus einer Verwechslung von Zeichen und Bild zu erklären ist.

Arat v. 708—713:

Mit Aufgang des **„Widders“** gehen auf die Sternbilder zur linken Hand der Andromeda, ferner Haupt und Schultern[2] des Perseus. Der Altar geht unter.

Valens läßt noch, astron. richtig, den Kopf des Südfisches aufsteigen* und den Rest der Hydra untergehen* (aratisch gezählt). Er nennt ferner *τὰ πρῶτα Περσέως*, analog wie Arat, diese Angabe gehört aber — es handelt sich um Kopf und rechten Arm — in das astronomische Zeichen Wassermann! Es liegt hier ein sehr alter Traditionsfehler vor, der niemals kontrolliert, aber gelegentlich umstritten war, vgl. Arat v. 712.

Feuer und Feuerstelle des Altares gehen unter (nicht aber der Sockel). Es geht auch die südliche Körperhälfte des Wolfes* unter, was im Urtext des „Eudoxos“ und bei Valens bemerkt gewesen sein muß (siehe nächstes Zeichen). Valens: *['Ιχθύες] τὰ λειπόμενα τῆς 'Ανδρομέδας καὶ τὰ λοιπὰ τοῦ Περσέως* (cf. Boll Sph 71, Anm. 4) *τὰ δὲ ἐν δεξίῳ* (?) *καὶ τὸ ὑπὲρ τὸν κριὸν τρίγωνον* νοτόθεν ἡ τοῦ νοτίου ἰχθύος κεφαλή*[3].

Arat v. 714—723:

Mit Aufgang des **„Stieres“** gehen auf: der Rest des Perseus, der linke Fuß des Fuhrmannes, die Capella und die Böckchen, ferner Schwanz und Rückenborsten des Walfisches. Bootes

[1] In der sog. Aratvorlage (nicht im Enoptron), Hipp 170, 19 ff.

[2] Hipparch hat ganz richtig gesehen, daß schon Arat v. 710 ff beeinflußt ist von der doppelten Zählweise der Zeichen und der zu ihnen gehörenden Paranatellonten. Welche beide Systeme bis auf Germanicus — ja bis auf den Interpreten des Scholion — herab spürbar sind.

[3] Alles aratfremd und richtig, aber zum astronomischen Zeichen ♓ gehörig.

beginnt unterzugehen. Nach „E u d o x o s“ geht der „Rest des Wolfes“* unter (Hipp 142, 15), dem folgt auch V a l e n s.

Es gehen mit dem Zeichen auf: der linke Fuß des Perseus [$\zeta$], n i c h t der des Fuhrmannes [$\iota$], dieser selber aber mit dem Köpf und Schultern, dazu die Böckchen, der Walfisch bis zur Mittelachse des Körpers [$\gamma$, $o$, $\zeta$]. Es geht unter: der obere Körper des Wolfes ab $\gamma$. Der linke Fuß des Bootes geht nur dann unter, sofern wir den Stern $\nu$ ptolemäisch in das Schienbein setzen und nicht in den Fuß, wie es H i p p a r c h tut. Germanicus v. 718 sah aber den Bootesfuß hipparchisch, denn er sagt: *vicinum! terris iam cerne Booten.*

Arat v. 724—732:

Mit den **„Zwillingen“** gehen auf: der Rest des Walfisches, der Rest des Fuhrmannes, die erste Krümmung des Eridanus. Die Beine des Schlangenträgers gehen bis zu den Knieen unter. (Damit ist der Anschluß zum „Krebs“ erreicht.)

Alles richtig. Mit der „Krümmung“ sind $\varepsilon$, $\zeta$, $\eta$, $\pi$, $\tau_1$ Erid. gemeint.

## Kritik der Aratüberlieferung

H y g i n , dessen astronomisch unzutreffende Hinzudichtungen und Erweiterungen ich nicht überall angeführt habe, hat bestimmt keinen Globus benutzt, wie G e o r g T h i e l e , Antike Himmelsbilder, 1898, S. 8 und 48, sowie T o l k i e h n , Art. Hyginus, R.-E. X, Sp. 643, glauben annehmen zu dürfen.

Die S p h a i r i k a — des V a l e n s Vorlage —, der Interpret im A r a t s c h o l i o n , G e r m a n i c u s und „E u d o x o s“, bzw. deren Gewährsmänner, haben Paranatellontenlisten zur Hand gehabt, welche mehr Sternbilder — und dabei astronomisch richtig genannte — enthielten, als Arat anführt.

Alle Versionen — einschließlich A r a t — haben Aufzählungen nach den verschobenen, „aratischen“, Zeichen u n d nach astronomischen zum Sternbild orientierten Zeichen neben- und durcheinander verarbeitet.

Werden diese beiden Listen aufeinander reduziert und die aratfremden Bilder richtig eingeordnet, so können wir nunmehr einen wesentlich erweiterten und berichtigten „Arat" zusammenstellen, der in allen Teilen freilich unsere hier nachgewiesene aratische Sphaere als Vorbedingung erfordert und sie damit beweist.

Das dem „Eudoxos" zugeschriebene Paranatellontensystem hat sich als eine Kompilation herausgestellt und kann höchstens — wenn überhaupt — Teile einer von dem großen Astronomen aufgestellten Serie enthalten.

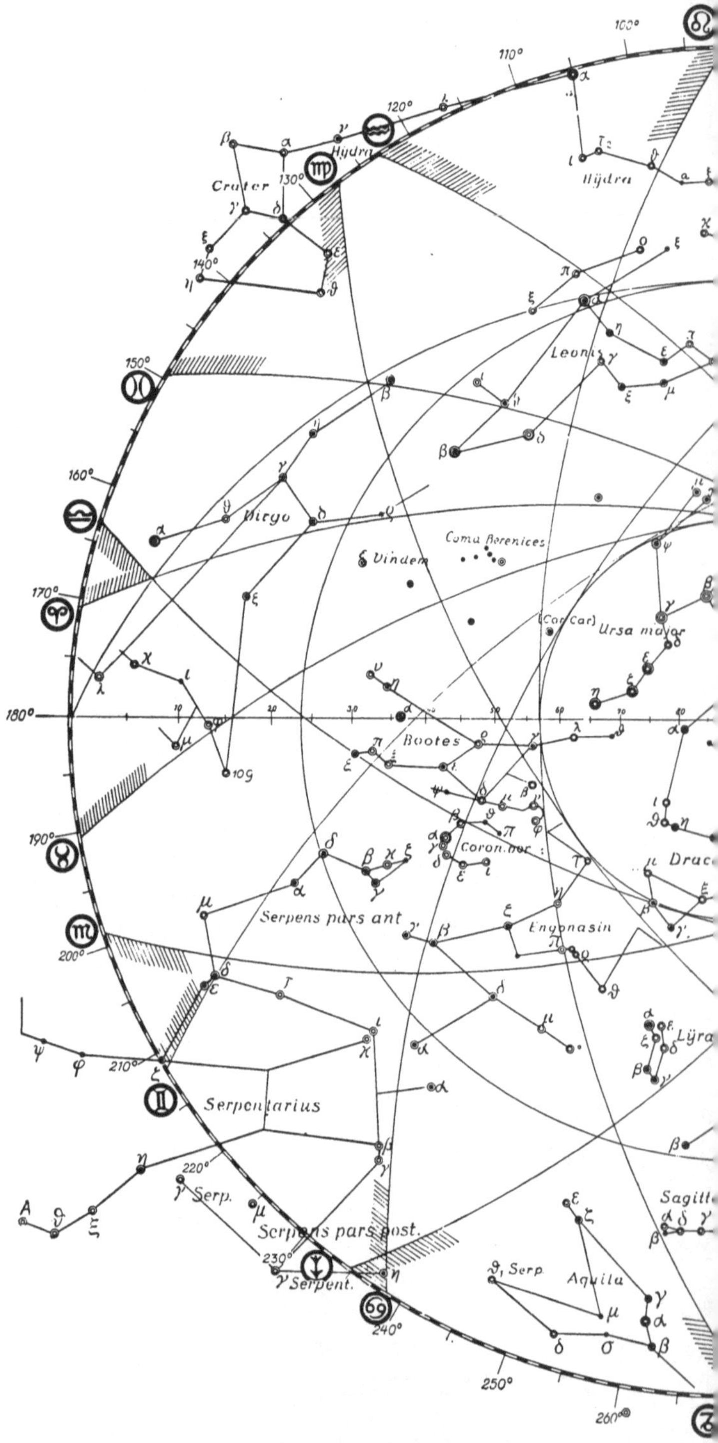


Tafel I. Stereographische Projektion des Nordhim

Die Ekliptik berührt den Sommerwendekreis und schneide
sind hier Kreise in der Ebene, die Abbildung ist winkel

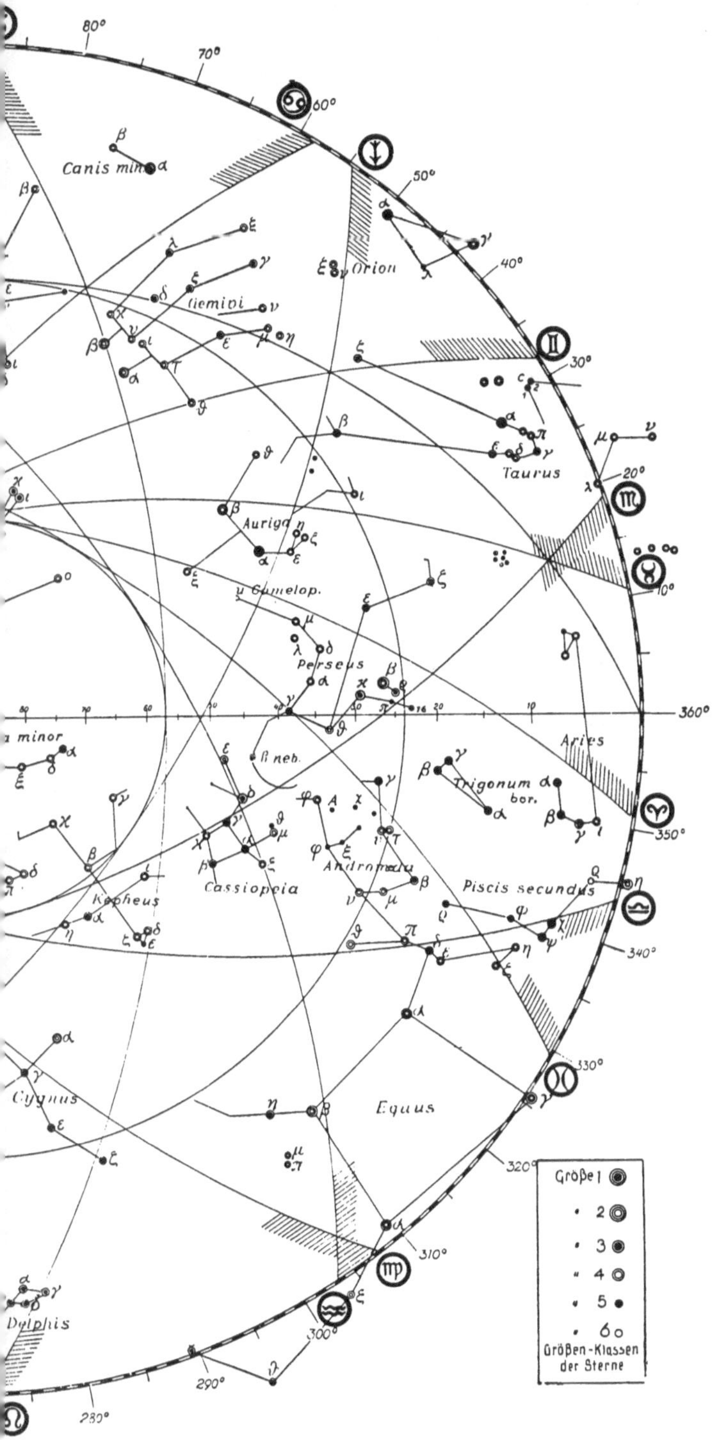


der Aratischen Sphaere um — 1000, Polhöhe 33°.

Äquator bei 360° und 180°. Alle Kreise auf der Sphaere
Der Streckenmaßstab nimmt nach dem Rande hin zu.

## Gebrauchsanweisung zur philologischen Auswertung der Planisphaeren

Beim Lesen des Textes der „Gleichzeitigen Auf- und Untergänge" Arats (oder seiner Nachdichter und Interpreten) vergleiche man jede Angabe mit der Lage der Sternbilder auf unseren beiden Planisphaeren, man wird alles Erwähnte darauf finden. Die flachen Kreisbögen sind die aratischen Horizonte, welche den Sternraum durchschneiden, sie berühren jeweils naturgemäß den arktischen Kreis im geographischen Nordpunkt des Himmels.

Die anschraffierte Seite der Horizontlinien bezeichnet den Sternenraum „unter der Erde". Die Fortschrittrichtung von Zeichen zu Zeichen ist beim Nord-Pl. gegen den Uhrzeigersinn, beim Süd-Pl. mit ihm. Was in dem von zwei Horizontlinien gebildeten Zwickel in diesem Sinne hinter dem Zeichen liegt, geht nach Arat mit diesem auf, was vor dem Zeichen liegt, geht astronomisch mit ihm auf (bzw. unter).

Das Lineament der Sternbilder gibt die Körperteile so deutlich an, daß man ohne weiteres erkennen kann, wo die Texte richtige und wo sie falsche Aussagen machen bzw. wo ein Sternbild oder Stern als Paranatellon zu dem aratischen (verschobenen) Zeichen genannt wird, oder zu dem astronomischen Zeichen, welches dem Tierkreisbild am griechischen Himmel eng angegliedert war.

Die Statistik, wieviele Angaben bei Arat, „Eudoxos", Valens, Germanicus, Cicero, Hyginus und Avien, sowie den Scholien, jeweils aratisch oder astronomisch sind, wird einen wichtigen Fingerzeig geben über die Abhängigkeit dieser Texte voneinander, über das Aussehen der Urlisten und ihr Fortleben und über echte Textverderbnisse, somit über den ganzen Stammbaum und die Deszendenz der aratischen Astronomie.

Zugleich wird eine sorgfältige Sammlung aller astronomisch richtigen Angaben, die sich nicht bei Arat vorfinden, Schlüsse gestatten auf die Quelle dieser Überlieferungen, denn daß die Grammatiker gute Globen aratischen Typs mit so genauen Eintragungen gehabt hätten, wie wir sie festgestellt haben, und sie richtig verstanden hätten abzulesen, ist sehr fraglich. Denn allein schon die immer wieder haargenaue Einstellung des jeweils geforderten Horizontes an diesen Instrumenten auf die entsprechenden Punkte der Ekliptik (auf welcher sich die Linien der Auf- und Untergangshorizonte schneiden), hätte nur von wahren Fachastronomen ausgeführt werden können und auch in ihrer Gesamtheit nicht ein so einheitlich gutes Ergebnis haben können.

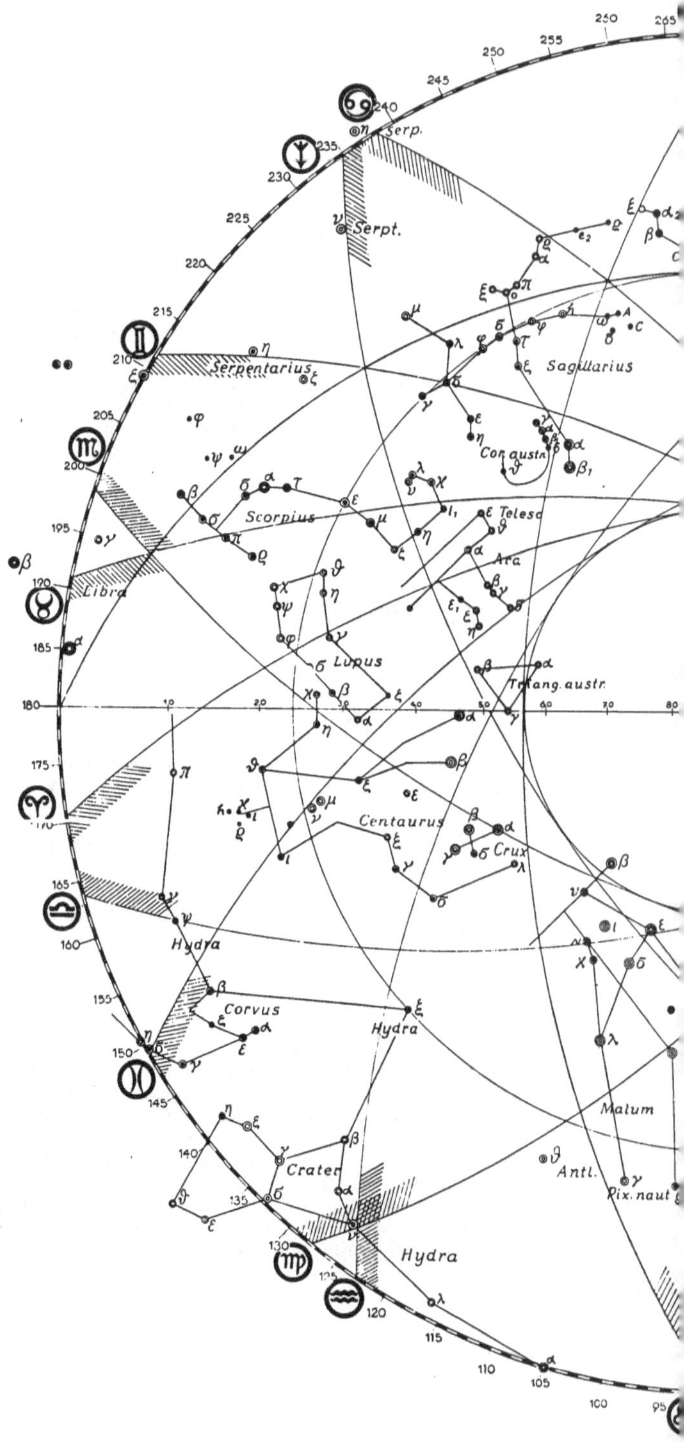


Tafel II. Stereographische Projektion des Süd

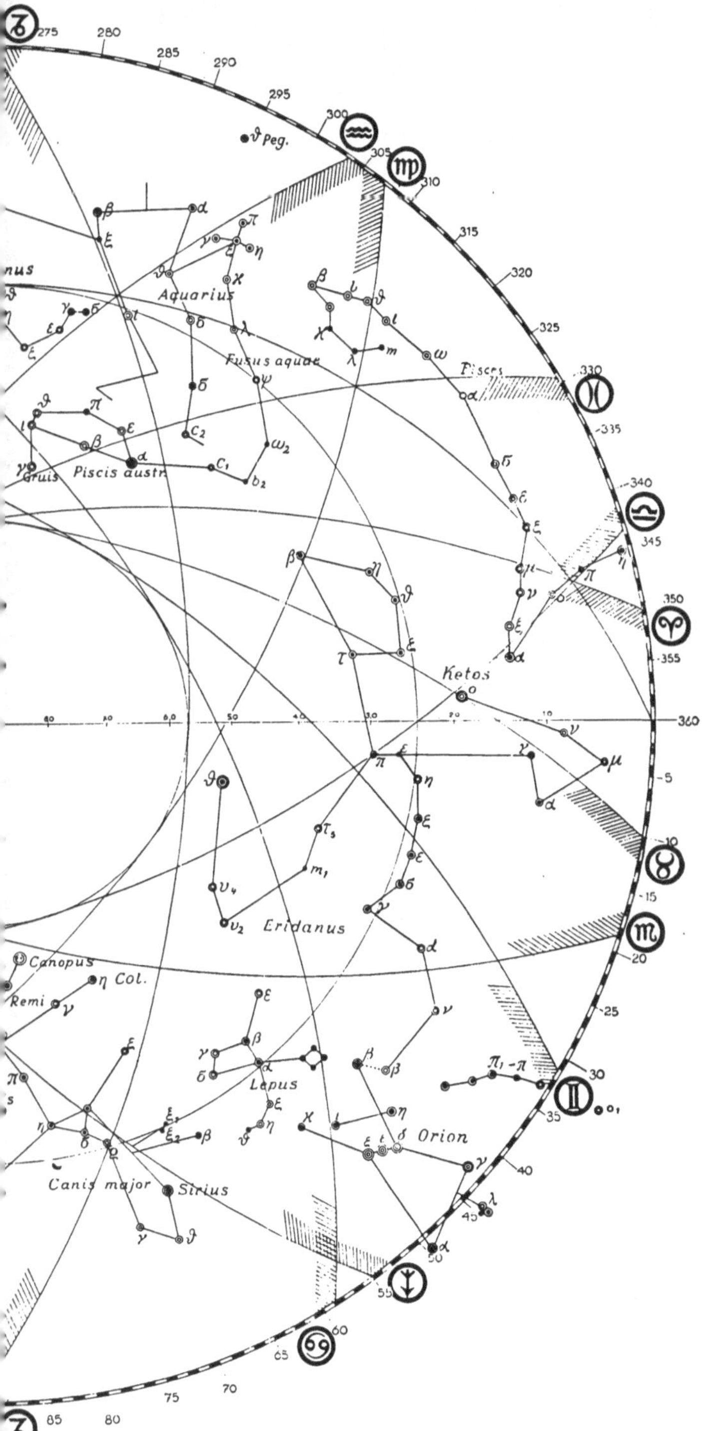


els der Aratischen Sphaere um — 1000, Polhöhe 33°.

Teil B

# Die technische Entstehung des „aratischen“ Globus[1]

## § 6. Die Polhöhe der aratischen Sphaere

Nachdem ich vorstehend die überraschend genaue Sternvermessung auf dem Globus nachgewiesen habe, welchen der Schöpfer des eudoxisch-aratischen Lehrsystems benutzt hat, entsteht die Frage, wie die Sphaerik dieser Himmelskugel mitsamt seinen Sterneintragungen technisch entstanden ist; denn soviel läßt sich überblicken, daß die Lage und Neigung der Kreise zueinander (einschl. des Horizontes) wesentlich bedingt war von den technischen und geometrischen Möglichkeiten der voreudoxischen Zeit, diese Lagen mit einfachen Mitteln zu realisieren.

Man hat bisher die Ansicht vertreten, daß die Einteilung der sphaerischen Großkreise in 360 Grade frühestens dem Eudoxos zuzuschreiben ist[2], das ist zu vorsichtig. Vor Eudoxos mag schon eine mathematische Korrelation zwischen den ägyptischen Tagdekaden der dreißigtägigen Monate und den Dritteilen der Dodekamoirien der Ekliptik bestanden haben (Wilhelm Gundel, Dekane und Dekansternbilder, 1936, 245), unsere weitere Untersuchung wird zeigen, daß spätestens seit Eudoxos die Ekliptikteilung nach dem Grundsatz Tag = Grad bekannt war (siehe Anhang). Nur

---

[1] Einen Beitrag zu der Frage der Abhängigkeit wissenschaftlicher Erkenntnis vom handwerklichen Können gibt das schöne Werk von Johann Gabriel Doppelmayr, Historische Nachricht von den Nürnbergischen Mathematicis und Künstlern, Nürnberg 1730, 1. Teil, I. Buch. — Vgl. auch E. Zinner, Die fränkische Sternkunde im 11. bis 16. Jahrhundert, Sonder-Abdr. aus XXVII. Ber. d. Naturf. Ges. Bamberg, 1934, S. 5 f.

[2] Vgl. zu der Frage: Hultsch, Art. Eudoxos, R.-E. II, Sp. 838 u. 945. — Ders., Art. Astronomie, R.-E. II, Sp. 1832 ff. — Rehm, Art. Kykloi, R.-E. XI, Sp. 2327, geht nur bis Eratosthenes zurück. — Berger, Erdk 270 f. — Tannery, Rech 49 f.

dadurch ist die vielerörterte „Rückschrittlichkeit" des Eudoxos in der Nichtbeachtung der Sonnenanomalie in seinem System der homozentrischen Sphären erklärlich, daß ihm der gleichmäßige zentrische Sonnenlauf ein geschätztes Mittel an die Hand gegeben hatte, ein neues Vermessungsverfahren von Sternpositionen (am Globus) mittels Zodiakal-Tagen, will sagen -Graden, zu finden. Die überschüssigen fünf Tage des Jahres verteilte er — als Sammelpunkte der täglichen minimalen Zeitdifferenzen — über die Quadranten, so gleichmäßig als möglich[1].

In älteren Zeiten konnte man sphaerische Großkreise nur nach Vielecksverhältnissen unterteilen, eine Polhöhe etwa nach Meridiangraden zu definieren, war ausgeschlossen. Die Deklination der Wendepunkte ($24^0$) konnte man herstellen mittels des Fünf- und des Sechsecks ($2 \times 72^0 - 2 \times 60^0$)[2], auch die Breite von Rhodos $36^0$, hätte man mit $180^0/5$, sowie diejenige von Memphis $30^0$, mit $60^0/2$ leicht herstellen können, aber damit war die Kunst auch zu Ende[3].

Viel später wurde ein anderes Polhöhenbestimmungsverfahren angewandt, nach dem die Wendekreise in bestimmtem Bogenverhältnis unterteilt wurden (z. B. 3 zu 5 bei Arat) und der Globus so in das Gestell eingesetzt wurde, daß die Teilpunkte in den Horizont zu liegen kamen. Die Polhöhe wurde also definiert durch das Verhältnis längster Tag zu kürzester Nacht, vice versa (Kubitschek, Art. Klima, R.-E. XI, Sp. 846 ff. — L. Ideler, Abh. Akad. Wiss. Berl., hist.-phil. Kl., 1830, S. 52. — Berger Erdk 269. — Leontios, der Mechaniker [VIII. nachchr. Jahrh.] = Maaß comm 566, 19 ff).

[1] vgl. Lit.-Nachw. Ende.

[2] Das Fünfeck wurde in älteren Zeiten mittels des Zirkels durch Ausprobieren gefunden, Bretschneider, Geometer und Geometrie vor Euklid, S. 87. Wie hoch wir die Konstruktion des Fünfeckes (Eukl. IV, 11) hinaufrücken dürfen, ist unentscheidbar, Mitzscherling (Das Problem der Kreisteilung, 1913, S. 16 f) erachtet sie „pythagoreisch".

[3] Zur Herstellung des Polhöhenbogens für Theben ($25^0.7$) bedurfte es des Siebenecks, über welches Archimedes geschrieben haben soll und welches später nach der sog. indischen Regel konstruiert wurde, Mitzsch. 60.

Warum und wie erstellte man aber nun die 33 Grad Polhöhe der aratischen Sphaere?

Das von den Geographen der hellenistischen Zeit bevorzugte System der Windrosenteilung war das der Meridianprojektion, welches Rehm (Griech. Windrosen, SBAW, München, 1916, Abh. 3, S. 52) auf Timosthenes zurückführt. Die Teilungspunkte werden hierbei gefunden als Schnittpunkte der Parallelkreise der Sphaera recta (diese mit den Polen im Nord- und Südpunkt des Himmels) mit dem Horizontkreis[1]. Oder bei der Sphaera obliqua als Schnittpunkte der Parallelkreise mit dem in den Meridian geklappten Horizontkreis, davon spricht Macrobius, Somn. Scip. II, 6, 7 = p. 607, 26 Eyss. Nun versichert uns Agathemeros (Geogr. gr. min. II, 473), daß Timosthenes die Bögen zwischen den Solstitialwinden und den Polwinden halbgeteilt habe (Rehm, 49) und Aristoteles sagt, daß die von ihm eingeführten beiden nördlichen Winde — welche seine Rose zu einer zehnstrichigen machte — „Annäherung an den arktischen Kreise zeigen", was, wie Berger (Erdk 284 nach Müllenhoff) richtig auslegt, heißen soll: an die Punkte, die bei Sphaera recta der arktische Kreis im Horizont anschneidet.

Ähnlich wie Agathemeros äußert sich Johannes Damascenus, de orthod. fide lib. II, cap. 26.

Rehm (S. 44 ff) ist geneigt, die Windrosenteilung gemäß der Meridianprojektion der Sphaera recta auf die Erdscheibe als unmittelbare Nachfolge der altionischen Teilung anzusehen. Jedenfalls finden wir bei Strabo II, C. 116 (Berger, 429, 1) und Seneca, quaest. nat. V, 17, 2; Plin. h. n. II, 119f, Mitteilungen, nach denen die Windrosenteilung seit alters analog der Himmelsteilung nach Parallelkreisen vollzogen wurde.

---

[1] Über die Projektion der Kreise der Armillarsphaere auf eine Ebene zur Einteilung der Oikumene, vgl. Ptolemäus Geogr. VII, 6 und hierzu Schl.-Gis., S. 47: „Aus ihm ergibt sich eine weitere Zutat für die antiken Armillarsphaeren, daß auch die Bezeichnung der Winde an ihnen angebracht war."

Nun können wir retrograd schließen, daß es auf der altionischen Sphaera (recta) einen in der Mitte zwischen Wendekreis und Pol gelegenen Kreis gegeben haben muß, wenn er seine Spuren als Windstrich in der Mitte zwischen dem Solstitialwind und dem Polwind hinterlassen hat.

Zeugnisse für das späterhin allgemein angenommene Verhältnis 4 : 5 : 6 der Bögen zwischen Äquator, Wendekreis, arktischer Kreis und Pol, d. h. 24 : 30 : 36, bringt Rehm (S. 38 Anm.). — Berger (S. 268 f) verweist darauf, daß gemäß dem Zeugnis des Eudemos der Winkel zwischen Ekliptik und Äquator mittels des 15-Ecks im Kreise bestimmt wurde[1]. Ein Fünfkreisesystem mit dem arktischen Kreis durch den Punkt $\frac{90^0-24^0}{2}$ (= Polabstand 33⁰) ist also als frühzeitig anzunehmen, die spätere Abstimmung nach den eben genannten, gestuften, Verhältnissen erscheint demgegenüber als eine der griechischen Oikumene angepaßte Verfeinerung.

Aristoteles — nachdem er die Winde aus den Sonnenaufgangs- und -Untergangspunkten des Sommersolstizes genannt hat — fährt fort (p. 363 b Bekker): *[θρασκίας] οὗτος γὰρ μέσος ἀργέστου καὶ ἀπαρκτίου· ἀπὸ δὲ τοῦ κ* ὃν καλοῦσι μέσην· οὗτος γὰρ μέσος καικίου καὶ ἀπαρκτίου*[2], und dementsprechend zeichnet diese Winde auch H. Steinmetz, de Ventorum descriptionibus apud Graecos Romanosque, Diss. Gött. 1907, p. 33, in die aristotelische Rose ein: „*recepit Aristoteles tabulam in doctrina ionica ante omnes usitatam*", p. 37. Das „aristotelische" System stammte also aus einer Zeit, zu der man sich noch keine Rechenschaft gab über die Veränderlichkeit der Sternaufgangsverhältnisse und der nach den Sonnwendpunkten am Horizont ausgerichteten Windrosenteilung mit der Änderung des „Klimas", d. h. der Polhöhe.

---

[1] Literaturnachweise hierüber bei Böckh, S. 187.

* Beschriftung der Richtung auf der beigegebenen Figur.

[2] Vgl. Man. IV, 646, und die Kommentierung von Breiter (Man.-Ausg. 1908, II, 131) hierzu.

Die Zonenlehre des Parmenides, d. h. der Übergang geographischer Erdeinteilung von der altionischen Plankarte auf die Kugel, wurde in Athen erst zu Herodots Zeit bekannt (Berger, Erdk. 69 und BSGW, 1895, 106 f), und Aristoteles wirft noch dem Anaxagoras (geb. um 500 v. Chr.) vor, die Variabilität der geographischen Breite nicht beachtet zu haben, de coel. II, 14,14 (p. 297 b. 30 f).

Aus einer Bemerkung des Ptolemäus geht hervor, wie man sich einen Berechtigungsgrund erfand, um die astralen Beobachtungsverhältnisse für die ganze bewohnte antike Welt an einem festeingestellten Instrument zur Darstellung zu bringen[1].

Synt. XIII, c. 7 = II, 383 Man. „Als geographische Breite soll die von Phönizien zugrunde gelegt sein, wo der längste Tag $14^1/_4$ Äquinoktialstunden hat (Polhöhe $33^0$ 18′)[2], weil auf diesem Parallel, oder beiderseits desselben, die meisten zuverlässigen Beobachtungen gemacht worden sind, nahezu auf ihm die chaldäischen, beiderseits desselben die in Griechenland und in Ägypten angestellten.“ Das ist für astronomische Beobachtungen reichlich summarisch und entspricht auch nicht der historischen Entwicklung: denn Anaximander führte wahrscheinlich die oben erörterte, bequem technisch zu erstellende Polhöhe von 33 Grad für seine Instrumentenfabrikation ein.

## § 7. Die Sterneintragung auf der Kugel

Die schwer herzustellende hölzerne Himmelskugel, gipsüberglättet und dunkelblau lackiert (Ptol Synt II, p. 72 Man. — Leontios, p. 566,9 Maaß comm), kaufte sich der praktische Astronom wahrscheinlich aus einer guten Werkstatt für astronomische Instrumente, wie eine solche z. B. Anaximander

[1] Diesen Hinweis verdanke ich Herrn Prof. B. L. van der Waerden.
[2] Vgl. Synt. I, 74, 26 Man. — Kugler, BMR 81.

in Milet betrieb[1]. Diese Kugel trug aber keine Kreise irgendwelcher Art. Auf ihr zeichnete der Astronom zwei beliebige helle Sterne in nicht zu fernem Abstand (z. B. Sirius und Regulus) ein, deren himmlischen Abstand er mit einer Art Jacobstab ausgemessen hatte, wie ihn Hipparch *en miniature* für die Ausmessung der Durchmesser von Sonne und Mond später verwendet hatte (Hipparchische Dioptra, Hultsch, Abh. z. Gesch. d. Math. IX, 1899, p. 198 ff). Die Verwendung eines Diopterzirkels für derartige Vorgänge, die Berger (Erdk 339) annimmt, möchte ich bezweifeln, das Instrument ist unbekannt und würde in der Behandlung leicht zu fehlerhaften Resultaten führen. Doch müssen wir eine Umrechnungstafel voraussetzen, welche die Werte auf der Graduierung[2] des Längslineales des Jacobstabes in Zirkelspitzenentfernungen für bestimmten Kugeldurchmesser transkribierte. Mit dem richtig danach adjustierten Zirkel riß der Astronom auf der Kugel, von zwei Sternen mit zwei verschiedenen Bögen ausgehend, einen dritten Stern an (siehe unser Umschlag-Bildchen)[3] und ver-

[1] Die Kunst, sehr schwere Stücke in Holz zu drechseln, war im ägäischen Kulturgebiet heimisch: Säulen und Säulenbasen aus Holz waren dortselbst ein wichtiger Ausfuhrartikel (Reinh. Freiherr v. Lichtenberg, Einfl. d. ägä. Kult. a. Äg. u. Paläst. = Mitt. Vorderas. Ges. 1911, 2, S. 13 f), in den Frachtlisten erscheinen schon um 1500 v. Chr. derartige Lieferungen für Ägypten. In Vorderasien ist die Holzsäule für die hethithische Baukultur charakteristisch, B. Hrozny, Älteste Gesch. Vorderasiens u. Indiens, S. 180. Für Babylon dürfen wir nicht die technischen Voraussetzungen der Globendrehkunst voraussetzen.

Die Nachrichten über Anaximanders Herstellung astronomischer Instrumente und geographischen Anschauungsmateriales vgl. bei Diels FV I, p. 12,3; 5/6; 18; 28; 37, hierzu Rehm Windr. 17 (Pinax mit Horizontkreis) und Schlachter-Gisinger 10 f. — Noch heute recht lesenswert ist die Abhandlung von H. A. Schick, Üb. d. Himmelsgloben d. Anax. u. Archim., J.-B. Gymn. Hanau, 1843.

[2] Vgl. Fig. 585 im Art. Astronomie im Dar.-Sagl. I, 489.

[3] Unsere Titelvignette nach einem antiken Kameo des Museo Borbonico nach der Abbildung bei Martin, Dar.-Sagl. I, Fig. 587 = Schl.-Gis., Fig. 49.

fuhr so über den ganzen Himmel, zu immer kleineren Sternen übergehend[1].

Die Babylonier kannten kein Koordinatensystem für Sterneintragungen auf der Kugel (Kugler, SSB II 301, Anm. 2), bedienten sich auch nicht graduierter Kreisringe zur Feststellung von Sterndistanzen (SSB I, 74, Erg 112), gegen Weidners Ansicht (HB 48), die ältere babylonische Astronomie maß aber die Bogenabstände zweier nicht zu weit voneinander entfernter Sterne auf einen „Finger“ = 5′ genau (P. V. Neugebauer und E. F. Weidner, Ein astronomischer Beobachtungstext aus dem 37. Jahre Nebukadnezars II. [— 567/66] BSGW, Bd. 67, 1915, S. 79. — Kugler, SSB II 548 ff. — O. Neugebauer, Untersuchungen zur antiken Astronomie III QSt, IV, 1938, S. 277)[2].

Die „Basis“ der Himmelstriangulation erblicke ich in dem nahezu gleichseitigen Dreieck Sirius—Beteigeuze—Prokyon, mit Sirius, dem äg. *Sopdet*-(d. i. Dreieck)Stern in der südlichen Spitze und der „chorda“ Beteigeuze—Prokyon als Grundlinie. Dieses Dreieck wird (als hundsgesichtiger Dekan *Seneptois*) zu ♋ I beschrieben — *deorsum!*[3] — im Lib Herm p. 20, 22 ff G..

[1] Die uns heute spielerisch anmutende Vorliebe der alten Astronomen für die Beachtung des Alignements, d. h. der geometrischen Topologie der Sterne nach geraden Linien und geometrischen Figuren (Ptol. Synt. lib. VII, cap. I, Ende = Manitius II, 11, p. 35 ff. — Manitius, Ztschr. Weltall, 5, 1904/05, S. 14 ff und 23 ff. — Arat v. 184; 235; 59/60), dürfte aus der Jugendzeit der messenden Fixsternastronomie stammen.

[2] Ich mache mir vollkommen die Ansicht (SSB II, 318 f) Kuglers zu eigen, daß die Babylonier die Fixsternpositionen nur relativ zueinander — nicht aber in einem Koordinatensystem — vermessen haben. Die Anwendung eines solchen wurde erst mühsam errungen auf dem Umweg über die kalendarische Notierung von Fixsternlängen (siehe Anhang).

[3] Die Fläche dieses Dreieckes ist vollständig sternenfrei (jedenfalls keine Sterne größer als 6 m enthaltend) und hieß deshalb *οὐρανός* oder *τόπος*, später südlich des Hasen gesehen (Boll Sph 253). Der Dekandämon *Disornafais* — *δυσόρφναιος* „sehr finster“ — Lib Herm p. 19, 26 G. von ♈ III erhält Eigenschaften aus diesem Himmelsbezirk: Kopf nach unten (*canis cernua*, Scaliger, Manilius, 1655, p. 432. — Apomasar, Boll Sph 499) *Figura deiecti vultus* (Kircher), *obumbratum*, Dreieck, *κιονίς*.

## § 8. Die technische Bestimmung der Lage der Ekliptik auf dem wissenschaftlichen Globus der Antike

Arat zählt, v. 511 ff, die auf dem Äquator gelegenen Sterne auf[1], und der Gedanke ist naheliegend, diese Sterne als Merksterne für die Anlegung eines Äquatorkreises anzusehen. Ich habe deshalb für die Zeit von — 1300 bis —600 die mittleren wahren Abweichungen der von Arat genannten Sterne $\alpha$ Lib, $\zeta$ Oph, $\zeta$ und $\varepsilon$ Peg, $\alpha$ Hyd, $\delta$ Corv für 8 mit den vollen Jahrhunderten zusammenfallende Stichjahre berechnet, der kleinste Streuungswert liegt beim Jahr —980, wie unsere untenstehende Tabelle 1 und das Diagramm Fig. 1 zeigen. Dieser Wert ist uns eine Bestätigung unserer Globenjustierung für die Arat-analyse, aber zugleich ein Beweis, daß die Sterne an der Äquatorlinie am Globus abgelesen worden sind und nicht etwa die Linie durch beobachtete Sterne definiert wurde, denn das Überkommen einer Beobachtungsserie von Deklinationen (!) aus dem Anfang des X. vorchr. Jahrh. (von den Babyloniern etwa?) auf die Griechen mit Sternnamen, die die Griechen zu identifizieren und umzubenennen vermochten, ist ausgeschlossen. Wir müssen uns überhaupt die Bedeutung des Äquators für den Vorstellungskreis der alten Astronomen nicht allzu vorherrschend vorstellen, Ptol Synt II, p. 76 Man.: „Kein großer Nachteil wird für uns daraus erwachsen, daß es nicht möglich gewesen ist (sic!) auf dem Globus selbst den Äquator und die Wendekreise anzubringen." Ptolemäus trägt die Sterne im ekliptikalen Netz auf, vgl. auch Ptolem.: *Γεωγραφικὴ Ὑφήγησις*, I, 22, 4.

Die Babylonier bezogen die Positionsangaben der Planeten ausschließlich auf die in der Ekliptik gelegenen Merksterne und auf die Ekliptik selber, Kugler SSB I, 27, sie maßen also den Abstand der Sterne von dieser in senkrechter Richtung. —

[1] z. T. mit groben Entgleisungen gegenüber der astron. Wirklichkeit (Gürtel des Orion). Eudoxos (bei Hipp, p. 110, 1f) verlegt auch die Hälfte des Pegasus und den nördl. Tierkreisfisch auf den Äquator.

van der Waerden, Zur babylonischen Planetenrechnung, Ztschr. Eudemus, vol. I, 1941, S. 29.

Die Fußpunkte der senkrechten Abstände der Fixsterne von der Ekliptik — die „Längen" — bekamen später für die griechische Kalendarik des IV. vorchr. Jahr. Bedeutung, indem sie wie de facto-Sterne in ihrem wahren Auf- oder Untergang verzeichnet werden[1], vgl. Kugler, Bab. Planetenkunde, 1907, S. 27.

Tabelle 1

**Berechnung der Epoche der kleinsten mittleren wahren Abweichung äquatorialnaher Sterne**

Tabelle der Deklinationen $\delta$ nach Neugebauer in Grad

| | —600 | —700 | —800 | —900 | —1000 | —1100 | —1200 | —1300 |
|---|---|---|---|---|---|---|---|---|
| 1. $\alpha$ Librae . . | — 3.03 | — 2.47 | — 1.91 | — 1.35 | — 0.79 | — 0.22 | + 0.35 | + 0.92 |
| 2. $\zeta$ Ophinchi. | — 1.72 | — 1.26 | — 0.79 | — 0.31 | + 0.18 | + 0.67 | + 1.17 | + 1.67 |
| 3. $\varepsilon$ Pegasi . . | + 0.65 | + 0.43 | + 0.22 | + 0.02 | — 0.17 | — 0.34 | — 0.50 | — 0.65 |
| 4. $\zeta$ Pegasi . . | — 0.79 | — 1.13 | — 1.46 | — 1.78 | — 2.09 | — 2.39 | — 2.68 | — 2.96 |
| 5. $\alpha$ Hydrae . | — 0.29 | — 0.11 | + 0.06 | + 0.22 | + 0 37 | + 0.51 | + 0.63 | + 0.74 |
| 6. $\delta$ Corvi . . | — 2.24 | — 1.73 | — 1.22 | — 0.72 | — 0.23 | + 0.26 | + 0.74 | + 1.22 |
| Summe d. Quadrate der Deklinationswerte | 18.2876 | 12.4033 | 7.9442 | 5.6542 | 5.2433 | 6.6527 | 9.6433 | 12.8554 |
| M' = M × 100 | 174.6 | 143.8 | 115.9 | 97.1 | 93.5 | 105.3 | 126.8 | 157.3 |

M = Mittelwert der wahren Abweichungen $\pm \sqrt{\frac{\Sigma\,\delta^2}{6}}$

Nicht der Äquator, sondern die Ekliptik ist es, welche als erster Großkreis durch das Sterngewimmel der Kugel hindurchgezogen wurde. In Zeiten hochentwickelter bab. Astronomie werden 33 Ekliptiksterne genannt (SSB I, 29), es genügt schon eine weit kleinere Zahl, um den Großkreis mit einer hohen sideralen Genauigkeit auf der Kugel einzuritzen. Man versuche einmal, technisch durch die Mitte zwischen Plejaden und Hyaden, durch die Praesepe, den Regulus, $\beta$ Virg., die

[1] Wir müssen uns das Schlagen des Längenkreis-Bogens auf die Ekliptik (als Lot) mechanisch durchgeführt denken, ebenso wie die Abstandsmessung des Fußpunktes vom Zeichen-Nullpunkt.

Spica, $\alpha$ Libr, $\beta$ Scorp., $o$ Sgtr und durch $\varepsilon$, $\zeta$ Pisc einen Großkreis zu legen[1], und man wird sehen, daß sich derselbe erstaunlich genau der tatsächlichen Lage der Ekliptik anpassen wird, so roh der einzelne Definitionsstern auch seine Aufgabe erfüllen möge: die Streuung dieser Merksterne nördl. und südl. des Kreises reguliert sich von allein als richtige, natürliche, ein.

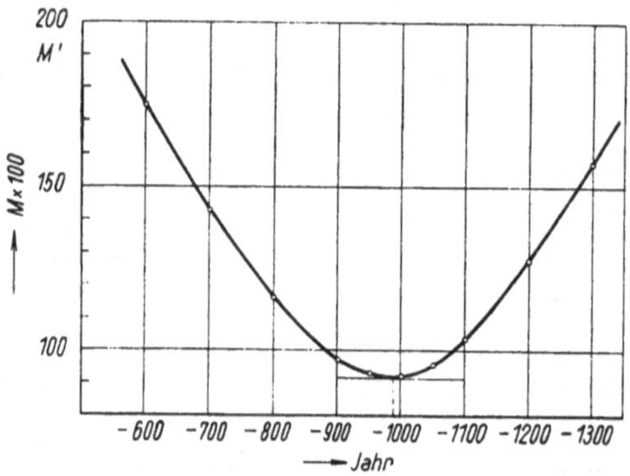


Fig. 1. Saeculare Kurve der mittleren wahren Abweichungen von sechs aratischen „Äquatorialsternen".

$$M' = \pm \sqrt{\frac{\Sigma \delta^2}{6}} \cdot 100$$

Jede Abweichung von dieser Lage läßt die Summe der Fehlerquadrate der Breiten der Merksterne wachsen.

Gemessene Breitenabstände des verfinsterten Mondes von ekliptikalen Merksternen wurden wahrscheinlich bei dem Verfahren verwertet (vgl. Ptol. Synt. Buch 7, Kap. 3; Bd. II, S. 24 Man.

[1] Das geschieht durch tastendes Einspannen der Kugel in der Nähe der Ekliptikpole, bis beim Durchrollen der Kugel die Schneidspitze am Schlitten der Drehbank die Merksterne rechts und links liegen läßt.

Über das Verfahren der Araber, Kreise auf den Kugeln mittels der Drehbank anzureißen, vgl. E. Wiedemann und J. Frank, Ztschr. f. Instr.-Kunde, 41, 1921, p. 225.

## § 9. Die Dodekamoirien des Zodiakalkreises

Die Einteilung der Ekliptik war zweifellos mit der Schaffung ihres Kreises unmittelbar verknüpft, auf dem anaximandrischen Globus wenigstens der ungefähren Lage der Tierkreisbilder nach[1]. Kleostratos (um —520) soll aber erst die sorgfältige wissenschaftliche Durchmessung und Lagebestimmung der Zeichen vorgenommen haben (Plin n. h. II, 31; FV I, 12,30). Wie hat er diese Aufgabe gelöst?

Der griechische Astronom dürfte den gleichen Gedanken gehabt haben wie zwei Jahrtausende nach ihm Ludwig Ideler, daß die Zodiakalbilder, welche in ihrer Ausdehnung die Grenzen der Zeichen nicht erreichen oder sie weit überschreiten (Neugebauer, Taf. z. astr. Chron. III, Nr. 38 b), letzten Endes zu ihren betreffenden Zeichen so angeordnet werden müssen, daß in Summa über den ganzen Kreis gerechnet ein Optimum der Entsprechung sich ergeben muß, daß also die Mängel der Nichtausfüllung der Zeichen mit den Konstellationen, bzw. deren störende Überschüsse, auf ein Mindestmaß herabgedrückt werden. Das konnte nur durch Probieren festgestellt werden, indem die Kette der Gleichteile der Ekliptik unter den Bildern weg verschoben wurde. Um das Verfahren durchzuführen, mußte die mit Sternen und Ekliptikkreis versehene Kugel in den Ekliptikpolen eingespannt und unter dem Meridianring[2] durchgerollt werden.

---

[1] Servius Verg. Georg. I, 33: „*Idem Chaldaei nolunt aequales esse partes in omnibus signis, sed pro qualitate sui aliud signum XX aliud XL.*“ Diese merkwürdige Überlieferung findet anderweit keine Stütze.

[2] Der *κρίκος μεσημβρινός* ist alter Instrumentenbestandteil, von Eratosthenes wurde er zur genauen Bestimmung des astronomischen Mittags verwendet (ohne Sphaera in ihm). In mittelalt. Hss. wird er als *Daemon meridianus* in Gestalt eines von einer schwebenden Frauenfigur senkrecht gehaltenen Sternenringes gezeichnet und mit der *Galaxias* verwechselt, Georg Thiele, Ant. Himmelsbilder 1898, S. 148. — Boll-Gundel Sp. 1023. — Fritz Schmidt, Gesch. d. geodät. Instr. u. Verfahr. i. Altert. u. Mittelalter = Veröff. Pfälz. Ges. z. Förd. d. Wiss. XXIV, 1935. — Proclus, Hypotyp. astr. pos. ed Manitius, 1909, p. 52, 10. — Manitius, Ztschr. Weltall, 5. Jahrg., S. 399.

Um nun jedes Bild möglichst symmetrisch in seinen Zeichenbezirk hineinzupraktizieren, haben wir zu beachten, daß die Mittelpunkte der Bilder mit den Mittelpunkten der Zeichen möglichst zusammenfallen sollen, d. h. die Summe etwaiger Abweichungen: Mitte Bildprojektion zu Mitte Zeichen und der dadurch hervorgerufene Fehler soll ein Minimum werden.

In Ermangelung einer anderen antiken Liste habe ich die Längen der Grenzsterne der Bilder nach dem ptolem. Katalog genommen, die (ptol.) Längen der Bildmitten danach bestimmt und sieben Berechnungen durchgeführt, indem ich die Bildmitte Aries auf die Grade: (ptol.) $14^0$, $14^0.5$, $14^0.75$, $15^0$, $15^0.25$, $15^0.5$ und $16^0$ annahm. Es stellte sich heraus, daß das gesuchte Minimum bei ptol. $15^0.1$ lag (siehe die Tabelle 2). Hat also Kleostratos die Grenzen der Bilder so gesehen, wie sie noch Ptolemäus sah, dann mußte er nach dem eben beschriebenen, aber mittels Globus und Zirkel durchgeführten Verfahren zu einer Zeichenaufteilung der Ekliptik kommen, die unter allen möglichen Fällen die beste Korrelation ergab, und zum anderen mußte er zugleich auf dieselbe siderale Position der Kette der Zwölfteile geführt werden, die der Ptolemäischen Positionsliste zur Grundlage diente. Mit der Lage des Frühlingspunktes hat der Anfangspunkt der Zählung dabei gar nichts zu tun.

Das vorstehend beschriebene Verfahren hat die Griechen eine feste siderale Lage der Ekliptik finden lassen, die ich die „natürliche" nennen möchte und deren Zeichen (die geometrischen Zodia) konstruktionsgemäß nichts mit den Zwölfteilen des jährlichen Sonnenlaufes zu tun hatte. Tannery Rech., S. 130: „Mais ce qu'il importe surtout de remarquer, c'est qu'à l'origine de la division les points équinoxiaux et solsticiaux ne furent nullement pris comme limites de signes."

Erst seit Hipparch sind die Zeichen ins Gleiten gekommen, die Verknüpfung mit den Zwölfteilen des Sonnenlaufes hat sich als stärker erwiesen, als die Bildanschauung am Himmel. Die

Präzession hat gewissermaßen die Zodia aus ihrer zur Geometrie erstarrten sideralen Lage herausgerissen[1].

Tabelle 2

**Korrelation der Mitten der Zodia zu den Zeichenmitten der festen griechischen Ekliptik**

| | Grenzen der Bilder 1 | | | Bildermitten = b 2 | Zeichenmitten = z 3 | (b—z)² |
|---|---|---|---|---|---|---|
| 1 | γ | Ar | 6° 40′ | | | |
| 2 | τ | ,, | 27° 0′ | 16° 50′ | 15° | 3°.35 |
| 3 | ο, ξ | Tau | 24° 20′ | | | |
| 4 | ζ | ,, | 57° 40′ | 41° 0′ | 45° | 16°.00 |
| 5 | η | Gem | 66° 30′ | | | |
| 6 | ϰ | ,, | 86° 40′ | 76° 35′ | 75° | 2°.50 |
| 7 | μ | Canc | 92° 40′ | | | |
| 8 | ϰ | ,, | 111° 10′ | 101° 55′ | 105° | 9°.49 |
| 9 | ϰ | Leo | 108° 20′ | | | |
| 10 | β | ,, | 144° 30′ | 126° 25′ | 135° | 73°.61 |
| 11 | ξ | Virg | 146° 0′ | | | |
| 12 | μ | ,, | 192° 40′ | 169° 20′ | 165° | 18°.75 |
| 13 | μ | Chel | 197° 0′ | | | |
| 14 | ϑ | ,, | 213° 0′ | 205° 0′ | 195° | 100°.00 |
| 15 | π | Scorp | 215° 40′ | | | |
| 16 | $\iota_1$ | ,, | 240° 30′ | 228° 5′ | 225° | 9°.49 |
| 17 | γ | Sgtr | 244° 30′ | | | |
| 18 | c | ,, | 269° 40′ | 257° 5′ | 255° | 4°.32 |
| 19 | α | Capr | 277° 20′ | | | |
| 20 | δ | ,, | 296° 20′ | 286° 50′ | 285° | 3°.35 |
| 21 | β | Aqu | 296° 30′ | | | |
| 22 | $\iota_2$ | ,, | 323° 10′ | 309° 50′ | 315° | 26°.73 |
| 23 | β | Pisc | 321° 40′ | | | |
| 24 | α | ,, | 362° 30′ | 342° 5′ | 345° | 8°.53 |

Obiger Fall: Bildmitte Widder 15° ≈ Summe: 276°.12

| Zeichenmitten mod 30 | 14° | 14°.5 | 14°.75 | **15°.0** | 15°.25 | 15°.5 | 15°.75 |
|---|---|---|---|---|---|---|---|
| Summe der Fehlerquad. | 260°.10 | 280°.11 | 277°.98 | **276°.12** | 276°.44 | 278°.15 | 286° .97 |

[1] van der Waerden setzt die Zeit für die Entstehung der Zodiakalzeichen zwischen —700 bis —420 an: Babylonian Astronomy. II. The Thirty-Six Stars, JNES, VIII, 1949, 23. 420 v. Chr. sind in einem bab. Text die Zeichen erstmalig nachweisbar, Rehm PaSt 22.

Bemerkungen zur Tabelle 2

Es enthält:

Sp. 1 die ptol. Längen der ptol. Grenzsterne der Bilder. Nur hinsichtlich des Wassermannes wurde die späte Astrothesie der linken Hand, weit im Capricornusbezirk, außer Betracht gestellt. Der Schwanz des letzteren wurde, antiken Darstellungen folgend, in die Sterne $\delta$, $\gamma$ verlegt.

Sp. 2 die Längen der als Mittel zwischen den Grenzsternen bestimmten Bildmitten.

Sp. 3 die willkürlich angenommenen Längen der Sollwerte dieser Bildmitten.

Sp. 4 die Quadrate der Abweichungen.

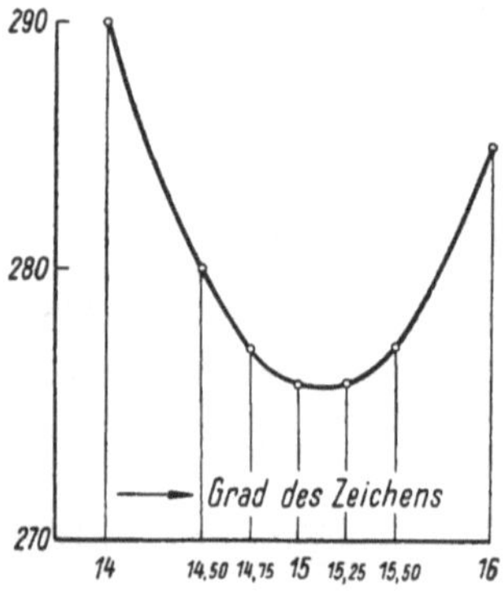


Fig. 2. Summe der Fehlerquadrate Bildmitten gegen Zeichenmitten bei ptolemäischer Zählung.

Die Überlieferung des Theon Smyrnaeus (nach Eudemos), daß Oinopides von Chios zuerst die Zwölferteilung der Ekliptik gefunden habe, was von Tannery Rech., S. 33, wörtlich genommen wird, wird von Diels FV I, 230, 13, aus Parallelstellen verbessert zu: εὗρε πρῶτος τὴν τοῦ ζωδιακοῦ λόξωσιν. Aber auch in dieser Form ist die Tradition nichts anderes als ein Beweis für das Bestreben der griechischen Schulwissenschaft, die wesentlichen Geistesfortschritte der älteren Zeit den Pythagoreern anzudichten.

## § 10. Die feste griechische Ekliptik

Um die Lage der ptolemäischen Fixsternsphäre auf der Geweckekugel zu ermitteln, haben wir folgendes Verfahren eingeschlagen: Indem die Kugel um den Ekliptikpol gerollt wurde, wurden für 24 helle, nicht allzu weit von der Ekliptik liegende, Sterne die Längen — am Kolurring anvisiert — bestimmt, je drei Ablesungen am Globus ergaben die in Spalte a der in Tabelle 3 verzeichneten Werte als Mittel. Von diesen instrumental für 1900 festgestellten Werten wurden die Positionswerte abgezogen, die Ptolemäus in seinem Fixsternkatalog (Spalte b) angibt, als Differenzen ergaben sich die Werte in Spalte c. Der Mittelwert dieser Differenz errechnet sich zu 25° 40′. Er bezeichnet den wahrscheinlichen Nullpunkt der ptolemäischen ekliptikalen Zählung auf der Sphäre von 1900 (Geweckekugel) und entspricht der Lage des Frühlingspunktes im Jahre 53 n. Chr. Schon diese grobe Über-

Tabelle 3

**Bestimmung des Nullpunktes der Ptolemäischen Längenzählung auf der Ekliptik von 1900**

(Alle Ziffern in Grad)

| | | a | b | c |
|---|---|---|---|---|
| 1 | β Ar. | 32.33 | 7.66 | 24.67 |
| 2 | β Pers. | 55.00 | 29.66 | 25.34 |
| 3 | α Tau. | 68.25 | 42.66 | 25.59 |
| 4 | α Aur. | 80.80 | 55.00 | 25.80 |
| 5 | α Or | 87.50 | 62.00 | 25.50 |
| 6 | α Gem. | 109.00 | 83.33 | 25.67 |
| 7 | α Can. min. | 115.20 | 89.17 | 25.03 |
| 8 | δ Canc. | 126.90 | 101.33 | 25.57 |
| 9 | α Leo | 148.33 | 122.50 | 25.83 |
| 10 | β „ | 170.45 | 144.50 | 25.95 |
| 11 | β Virg. | 175.00 | 149.00 | 26.00 |
| 12 | α „ | 202.66 | 176.66 | 26.00 |
| 13 | α Lib. | 223.66 | 198.00 | 25.66 |
| 14 | β Scorp. | 241.70 | 216.33 | 25.37 |
| 15 | α „ | 248.80 | 222.66 | 26.14 |
| 16 | π Sagtr. | 285.00 | 259.17 | 25.83 |
| 17 | β Capr. | 303.33 | 277.33 | 26.00 |
| 18 | δ „ | 322.33 | 296.33 | 26.00 |
| 19 | β Aqu. | 322.50 | 296.50 | 26.00 |
| 20 | α „ | 332.16 | 306.33 | 25.83 |
| 21 | α Peg. | 352.40 | 326.66 | 25.74 |
| 22 | δ „ | 367.70 | 342.17 | 26.53 |
| 23 | α And. | 373.33 | 347.80 | 25.53 |
| 24 | α Pisc. | 27.60 | 2.50 | 25.10 |
| | | | Mittelwert 25°.69 | 616.68 |
| | | | ∾ 25°40′ | |

a) Längenmessung auf dem Globus von 1900.
b) Ptolemäische Längen.
c) Differenzen a gegen b.

schlagsrechnung führt uns so weit in die Nähe des von J. E. Bode[1] ermittelten Wertes der ptolemäischen Epoche: 63 n. Chr., daß wir die Vermutung aussprechen können, der große astronomische Kompilator habe gar nicht selber einen Fixsternkatalog vermessen, sondern einen solchen übernommen, welcher abgestellt war auf die von uns gefundene feste griechische Ekliptik, deren Nullpunkt — aus ihrer Konstruktion nach den Bildern des Zodiakus heraus — zufällig (?) genau der „ptolemäischen Epoche"[2] entsprach. Die ptolemäischen Längen sind nicht etwa aus einer hipparchischen Liste umgerechnet, wie Delambre[3] vermutet, auch nicht selbst vermessen oder von Menelaos (Ende des 1. vorchr. Jahrh.) übernommen[4], sondern sie stammen aus älterer Zeit. Die Unverläßlichkeit der ptol. Angaben[5] über die Entstehung seines Kataloges sind ja längst von der Forschung herausgestellt worden, desgleichen der grobe Zwang, der von Ptolemäus den tatsächlichen Beobachtungen hätte angetan werden müssen, um sie in seine Präzessionstheorie einzupassen, wenn er sie wirklich um 138 n. Chr. angestellt hätte. Das ganze ist zweifellos ein Plagiat, welches mit einigen verfehlten Behaup-

[1] J. E. Bode, Cl. Ptolemäus' Beobachtung und Beschreibung der Gestirne, Berl., 1795.

[2] Die „ptolemäische Epoche" wurde von Peters-Knobel auf 58 n. Chr. berechnet, von Vogt auf 48 n. Chr., während J. L. E. Dreyer, Ptolemys Catalogue of stars, Monthly Notices of the Royal Astron. Soc. London, LXXVII, 1917, S. 528 f, den systematischen Fehler von vier von Ptolemäus als aus eigenen und fremden Beobachtungen gegebenen Sternlängen auf 63′ errechnet; um diesen Betrag sind seine Längen in Wirklichkeit zu klein, die Werte gelten also nicht auf die Zeit des Ptolemäus, 138 n. Chr.

[3] J. J. Delambre, Astr. ancienne, Discours préliminaire XXXII, Bd. I, 183; Bd. II, 251. Die Theorie von Delambre wird schon durch die Ausführungen von Boll, Die Sternkataloge des Hipparch und des Ptolemäus, Bibl. math. 3. F., 2. Bd., 1901, S. 194 f, stark erschüttert.

[4] A. A. Björnbo, Bibl. math. 3. F., 2. Bd., 1901, S. 210, Hat Menelaos aus Alexandria einen Fixsternkatalog verfaßt?

[5] Rud. Wolf, Gesch. d. Astr., S. 194. — Rehm, Art. Hipparchos, R.-E., VIII, Sp. 1876 f.

tungen nachträglich der neuen Lehre von der Präzession angeglichen werden sollte, um es äußerlich scheinbar auf die Höhe der Forschung zu bringen. Die siderale Lage der Zeichenreihe bei Ptolemäus ist — ebenso wie die ekliptikale Zählung — die gleiche, wie bei Arat. Als Mittelwert aller Epochenbestimmungen für Ptolemäus wollen wir das Jahr 57 n. Chr. in vorläufigen Ansatz bringen (Peters-Knobel 58 + Vogt 48 + Bode 63 + Böker 53 + Dreyer 63) : 5 = 57, womit die griechische feste Ekliptik in erstem Ansatz auf den Punkt 25° 36′ der Ekliptik von 1900 festgelegt wird.

## § 11. Der Äquator

Nachdem die Ekliptik mit ihren sideral sorgfältig vermessenen zwölf Gleichteilen geschaffen war, konnte man an die Verzeichnung des Äquators gehen. Sein Kreis wurde genau durch die Mittelpunkte der Zeichen Aries und Libra gelegt unter einem Winkel, der — am Solstizialkolur gemessen — einem Fünfzehntel von dessen Umfang entsprach, denn dieser Kreisteilungswert war mindestens seit Anaximander (Plin n. h. II, 31) bis auf Aristarch (ca. 260 v. Chr.) die Norm hierfür, vgl. Theon Smyrnaeus, de astr. c. 42.

Die altbabylonische Methode, den Frühlingspunkt auf die Mitte (d. h. 15. Tag) des Frühlingsmonates zu legen, dürfte ein Vorläufer der anaximandrischen Äquatorpositionierung gewesen sein, vgl. die Mul APIN-Texte bei Kugler SSB Erg. 88. — Weidner, AJSL, vol. XL, Nr. 3, 1924, p. 196 ff. — Nach Weidner, Alter u. Bedeutung d. bab. Astron. u. Astrallehre, 1914, S. 25 f, soll der Text um —3000 abgefaßt sein. van der Waerden setzt die Beobachtungen der im Text genannten heliakischen Aufgänge auf die Zeit zwischen — 1400 bis — 900 an, JNES VIII, 1949, 17 f u. X 1951, 21.

Technisch kann Anaximander die Sache nur so ausgeführt haben, daß er die Kugel an den Mittelpunkten von Aries und Libra in die Drehbankspitzen einspannte und den Solstizialkolur als Großkreis einritzte. Sodann trug er die Bögen (90°

min 24°) von den Wendepunkten aus ab und spannte die Kugel erneut an den dadurch gefundenen, diametralen Punkten des Kolurs — den Polen — ein. Danach ritzte er nicht nur den Äquatorgroßkreis ein, welcher die ersten Einspannungspunkte schnitt, sondern sofort auch die die Ekliptik berührenden Wendekreise[1].

Astronomisch waren die Wendekreise damals überflüssig[2], da man ja die Präzession nicht kannte, welche sie auf der Ekliptik abrollt. Aber in der Fixsterntopologie und der Windrosenteilung haben sie seit alters eine große Rolle gespielt[3].

Es sind also der Äquator und die Parallelen — einschl. der Wendekreise —, welche auf dem Globus als letzte Kreise erschienen. Die Überlieferung neigt dazu, diese Himmelseinteilung zeitlich sehr hoch — bis auf Thales — heraufzurücken. (Plut. epit. II, 11 = Diels, Doxographi Gr., 1929, p. 340, 8 ff.)

Da der Äquator infolge des Hinzutretens der Parallelen sich zu einem „System" auswuchs, wanderte der Begriff der Schiefe von ihm auf die Ekliptik über, weshalb man ihn seit dem Altertum bis heute[4] als Erstgeborenen ansah. Das Umgekehrte ist der Fall: veranlaßt durch die Planetenstandsmessungen hat seit jeher bis auf Ptolemäus die Fixsternvermessung in der Ekliptik ihr Schwergewicht gehabt[5].

---

[1] Wir müssen die Kunst der Holzdrechslerei zu Anaximanders Zeiten schon hochentwickelt annehmen, E. Pernice, Untersuchungen z. ant. Toreutik. III. Die Metalldrehbank, Öst. Jahrb. VIII, p. 53 ff, vgl. Art. Torneutik von G. Lippold, R.-E. II. R. 12. HB, Sp. 1794.

[2] Pernice, a.a.O., Über die Freude am Werken an der Drehbank: „Das Anbringen derartigen Schmuckes an nicht sichtbaren Teilen verrät zugleich eine naive Freude an der virtuosen Ausübung dieser Kunstfertigkeit."

[3] Hans Weinhold, Die Astronomie in der antiken Schule, Diss. München, 1912, S. 68.

[4] Hultsch, Art. Astronomie, R.-E. II, Sp. 1835.

[5] van der Waerden, Ztschr. Eudemos I, 25; 29; 41; 47. — Eine Liste der ekliptikalen Vermessungssterne transkribiert Kugler, SSB II, 550.

## Ergebnisse

Anaximander von Milet (um 550 v. Chr.) und Kleostratos von Tenedos (um 520 v. Chr.)[1] schufen einen Himmelsglobus, welcher mit einer Polhöhe von 33° im Gestell eingesetzt war und der einen Zodiakalkreis aufwies mit zwölf geometrischen, den Bildern bestens angepaßten, Gleichteilen. Ferner waren der Äquator und die Parallelen eingeritzt.

Nach unserer Aratanalyse lag der Anfangspunkt des „Widders" auf dem Punkt 25° 14′ der Ekliptik von 1900.

Der Nullpunkt des „Ptolemäischen" Systems wurde von uns auf den Punkt 25° 36′ in einer Mittelwertrechnung bestimmt.

Da nun die **griechische feste Ekliptik** sicher sideral festgelegt war, so wollen wir für den **astralen Nullpunkt** den Schnittpunkt der verlängerten Verbindungslinie von $\eta$ und $\pi$ Piscium (im östlichen Band) mit der Ekliptik wählen[2], welcher nach Ptolemäus bei ♈ 0°04′ und nach moderner Rechnung bei 25° 34′ lag[3], 8′ östlich der

[1] Diels FV, II, 503 Anm. — Zinner, Gesch. d. Sternk. 86: 430 v. Chr. (?)

[2] Abd-Al-Rahman Al-Sûfi (Déscription des étoiles fixes, Edit. H. C. F. C. Schjellerup, Petersburg, 1874, S. 127) berichtet, daß zwei Sterne am Kopfe des Widders „die beiden Zeichen" oder „die beiden Marken" genannt worden seien, weil sie den Anfang des Zeichens Widder definiert hätten. Der Text läßt erkennen, daß man sich zu Sûfis Zeiten nicht mehr ganz klar war über die Identität dieser zwei „Zeichen", welche einen Abstand von zwei Ellen, d. h. 4°, gehabt hätten (vgl. Ideler, Sternnamen 134 f). Wir haben es zweifellos hier mit einer der zahllosen Sternnamenwanderungen am arabischen Himmel zu tun. Die beiden Sternchen $\eta$ und $\pi$ Piscium stehen nahezu 4° auseinander, sie werden die beiden Merksterne sein: beim Durchschreiten ihrer Verbindungslinie treten die Planeten in den Widder.

Die Version, daß der Abstand so groß sei wie derjenige zwischen $\beta$ und $\gamma$ Ursae minoris, also 3°.5 (Sûfi), stimmt für unsere zwei Sternchen im Band der Fische genau.

[3] Moderne Untersuchungen haben die babylonische feste Ekliptik angelenkt an die Position von $\nu$ Pisc (Kugler SSB II 520). —

van der Waerden (PlaR Anm. 26) verweist auch auf $\zeta$ Tauri und $\alpha$ Virg als siderale Anknüpfungspunkte. — Cyril Fagan, Dublin, Zodiacs

modern gerechneten Länge von $\eta$ Pisc, welchen Stern Ptolemäus (nach Peters) auf ♈ $0^0$ 20′ setzt, Hipparch aber in die Vorderfüße des Widders. Die **Aratepoche** würde sich damit um 20′ hinauf verschieben auf das **Jahr —1025**. Die **Ptolemäusepoche** müßten wir heraufsetzen auf das **Jahr 60 n. Chr.**

In Wahrheit entzieht sich natürlich eine feste Ekliptik jeder chronologischen Betrachtung und beide Jahreswerte sind nur Symbole, die ganz offen lassen, wann die von Ptolemäus usurpierte Sternvermessung überhaupt vorgenommen wurde.

Aus der Polhöhe von $33^0$ wollen wir keine Rückschlüsse ziehen auf eine etwaige Absicht der Globushersteller, das Instrument auf eine Breite von Babylon oder Phönizien abzustellen. Die Breitenbestimmung eines Ortes lag im VI. vorchr. Jahrh. außerhalb der Gesichtspunkte der geographischen Forschung. Die Polhöhe konnte nur aus Gnomonbeobachtungen ermittelt werden; was uns davon erhalten ist, zeigt uns bis zur Absurdität durch vorgefaßten Schematismus verdorbene Werte, Weidner, Am. Journ. Sem. Lang. XL, 1924, 201; van der Waerden, Babylonian Astronomy. III. The earliest astronomical computations, JNES X, 1951, 34.

Boll, Sph cap. XIII, hat einen eingehenden Bericht erstattet über die Geschichte der Erforschung der Sphaera Graecanica und der Sphaera Barbarica.

Nachdem ich durch Analyse des Liber Hermetis die dort benutzte Sphaera Barbarica bestimmen konnte auf eine Polhöhe ägyptischen „Klimas“ und auf eine Kolurstellung genau $18^0$ östlich des Nullpunktes der ptolemäisch-aratischen Zählung, will ich die in vorstehender Arbeit gefundene Sphaere als Sphaera Graecanica bezeichnen.

old and new, London, 1951, S. 18, setzt die Spica als *fiducial star* auf den 29. Grad ♍ und berechnete astronomische Tabellen für dieses System.

Bei $\zeta$ Pisc beginnt die indische feste Ekliptik, Zinner, Gesch. d. Sternk. 184.

## Anhang

### Nachweis der Benutzung der festen griechischen Ekliptik durch Vorgänger Arats

Die nachstehende Liste von Zodiakaldaten, die dem Kallippos — 330 v. Chr. — zugeschrieben wird, ist dem Text des Parapegma des Pseudo-Geminos[1] entnommen und aus dem Kalender des Clodius Tuscus[2] ergänzt und verschiedentlich berichtigt. Unstimmigkeiten bis zu zwei Tagen können Traditionsfehler sein.

Wachsmuth hat in seiner zweiten Lydusausgabe (siehe Lit.-Nachw.) — im Anschluß an G. F. Unger — bei der Transferierung der Geminos-Notate in julianische Daten diese letzteren um einen Tag gegenüber der Rechnung in der ersten Ausgabe herabgesetzt. Ebenso rechnet Rehm und Manitius. Unsere Untersuchung hat aber ergeben, daß die Gleichung der ersten Ausgabe (♋ 1 = 27. Juni) der Überlieferung besser gerecht wird, und so haben wir die Spalte 2 unserer Liste verzeichnet.

Die Beziehung dieser julianischen Daten zu der ägyptischen Zählung ist nahezu die alexandrinische. Wir setzen jedoch die jul. Tage gegenüber der gewöhnlichen Rechnung (1. Epiphi = 25. Juli, Brugsch Thes. 300. — Ideler, HB I, 140 ff) um eine Einheit herauf und rechnen 1. Epiphi = 26. Juli. Das hat nicht nur im vorliegenden Fall methodischen Vorteil, es fällt dann auch die von Rehm schon bemängelte Verspätung der Notate des Ptolemäuskalenders um einen Tag fort (Art. Kallippos, R.-E. Suppl. IV, Sp. 1438). Diese pseudoalexandrinischen Daten zeigt die Spalte 1, sie bewähren sich auch bei anderen Untersuchungen[3].

---

[1] Gemini Elementa Astronomiae ed. C. Manitius, Leipzig, 1898.

[2] Die Literatur über die Ausgaben und Untersuchungen griechischer Kalender gibt Rehm in seinen Parapegmastudien, ABAW, NF Heft 19, 1941, S. 5 Anm., ferner im Art. Parapegma R.-E. XVIII, Sp. 1296.

[3] Die Vor- und Nachdatierung verschiedener Überlieferungen kalendarischer Serien um ein Tag (Rehm, Griech. Kal. III. Das Parapegma des Euktemon, SHAW, 1913, 3. Abh., S. 37) führe ich auf den unterschiedlichen Gebrauch der alexandrinischen und ps.-alex. Korrespondenz zurück.

Ptolemäus rechnete die Episemasien der Parapegmen in sein alexandrinisches Jahr zurück.

**Vorkallippischer kalendarischer Fixsternkatalog, mit den nach dem kallippischen Sonnenanomalieschema berichtigten Anfängen der Zeichen. Dazu die „Mitten“ der Zeichen nach Vollmonden gerechnet.**

| | 1 | 2 | 3 | 4 | 5 |
|---|---|---|---|---|---|
| 1 | **1.** Epagom. | 25. VIII. | *παρθένος ἐπιτέλλει*[1]) | ♍ 1 | |
| 2 | 3. Thoth | 1. IX. | Cl *παύονται οἱ ἐτησίαι*<br>*οἱ ὦμοι τῆς παρθένου ἐπιτέλλουσιν καὶ ἐτησίαι παύονται* | ♍ 8 | ♍ 8° 15′<br>η Virg |
| 3 | 8. „ | 6. IX. | Eukt. *προτρυγητὴρ φαίνεται* | ♍ 13 | ♍ 12° 10′<br>Vindemiatrix |
| 4 | 10. „ | 8. IX. | Hypsoma ☿ | ♍ 15 | |
| 5 | 11. „ | 9. IX. | Cl *τὸ μέσον τῆς παρθένου ἀνίσχει* | ♍ 16 | |
| 6 | *15.* „ | 13. IX. | *παρθένος μέση ἐπιτέλλουσα ἐπισημαίνει καὶ ἀρκτοῦρος ἀνατέλλων φανερός* | ♍ 20 | ♍ 19° 40′<br>γ Bootis[2]) |
| 7 | 22. „ | 20. IX. | Cl *ἐπιτολὴ τοῦ ἀρκτούρου* | ♍ 27 | ♍ 27° 10′<br>Arctur |
| | 22. „ | 20. IX. | *στάχυς ἐπιτέλλει τῆς παρθένου* | ♍ 27 | ♍ 26° 40′<br>Spica |
| 8 | 25. „ | 23. IX. | Cl *δύονται οἱ ἰχθύες* | ♍ 30 | |
| 9 | 26. „ | 24. IX. | Cl *ἔκλειψις σεληνιακή* | ♎ 1 | |
| 10 | **29.** „ | 27. IX. | *ὁ κριὸς ἄρχεται δύνειν· ἰσημερία μετοπωρινή*<br>Cl *παύεται ἡ παρθένος ἀνίσχειν* | ♎ 4 | |
| 11 | 2. Phaophi | 30. IX. | *παρθένος λήγει ἀνατέλλουσα* | ♎ 7 | |
| 12 | 8. „ | 6. X. | Cl *τὸ μέσον τοῦ κριοῦ δύεται* (?) *καὶ ὁ σκορπίος σὺν αὐτῷ*[3]) | ♎ 13 | ♎ 12° 40′<br>μ Virg |
| 13 | 10. „ | 8. X. | Cl *ὁ στέφανος ἀνίσχων . . . τρέπει τὸν ἀέρα* | ♎ 15 | ♎ 14° 40′<br>Gemma |
| 14 | *15.* „ | 13. X. | *χηλαὶ ἄρχονται ἀνατέλλειν* | ♎ 20 | |
| 15 | 16. „ | 14. X. | Hypsoma ♄ der Planet der „Gegensonne“ (SSB Erg. 318) | ♎ 21 | |
| 16 | 17. „ | 15. X. | Cl *τὸ μέσον τοῦ φθινοπώρου ἀνίσχει* | ♎ 22 | |
| 17 | **26.** „ | 24. X. | *τοῦ ταύρου ἡ κέρκος δύνει*<br>Cl *τὸ μέτωπον τοῦ σκορπίου δύεται* (!) zum 26. X. | ♏ 1 | |

| | 1 | 2 | 3 | 4 | 5 |
|---|---|---|---|---|---|
| 18 | 2. Athyr | 30. X. | *τοῦ σκορπίου τὸ μέτωπον ἐπιτέλλει* | ♏ 7 | ♏ 6° 20′ *β* Scorp. |
| 19 | 7. ,, | 4. XI. | *τοῦ ταύρου δύνει ἡ κεφαλή* | ♏ 12 | ♉ 12° 40′ Aldebaran |
| 20 | *14.* ,, | 11. XI. | *ὁ ἐν τῷ σκορπίῳ λαμπρὸς ἀστὴρ ἀνατέλλει, ἐπισημαίνει· καὶ πλειάδες δύνουσι φ ανεραί* | ♏ 19 | |
| 21 | 15. ,, | 12. XI. | Cl *τοῦ σκορπίου τὸ μέσον ἄστρον ἀνίσχει* | ♏ 20 | |
| 22 | **26.** ,, | 23. XI. | *τοῦ ταύρου τὰ κέρατα δύεται* (sic) | ♐ 1 | |
| 23 | 5. Choiak | 2. XII. | *ὁ τοξότης ἄρχεται ἀνατέλλειν* | ♐ 10 | ♐ 9° 0′ *λ* Sagtr |
| 24 | 9. ,, | 6. XII. | Cl *τὸ μέσον τοῦ τοξότου ἀνίσχει* | ♐ 14 | |
| 25 | *14.* ,, | 11. XII. | *οἱ δίδυμοι μετίασι δυόμενοι* [var. *μεσοῦσι*] | ♐ 19 | |
| 26 | **28.** ,, | 25. XII. | *τοξότης λήγει ἀνατέλλων· τροπαὶ χειμεριναί, χειμαίνει* Cl zum 23. *συμπληροῦται ἡ βροῦμα· οἱονεὶ ἡ χειμερινὴ τροπή* | ♑ 3 | |
| 27 | *12. Tybi* | 8. I. | *αἰγόκερως ἄρχεται ἀνατέλλειν* Cl dasselbe, dazu *οἶκος Ἄρεως* | ♑ 17 | ♑ 16° 40′ *ϑ* Capr (Breite 0° 0′) |
| 28 | 23. ,, | 19. I. | Hypsoma ♂ Cl *τὸ μεσαίτατον τοῦ χειμῶνος* | ♑ 28 | |
| 29 | 24. ,, | 20. I. | *καρκίνος λήγει δύνων* Cl *τὸ μέσον τοῦ καρκίνου δύεται· ὁ δὲ ὑδροχόος ἄρχεται ἀνίσχειν* | ♑ 29 | |
| 30 | **28.** ,, | 24. I. | *λέων ἄρχεται δύνειν* | ♒ 3 | ♌ 2° 40′ Regulus |
| 31 | 10. Mechir | 5. II. | Cl *τοῦ ὑδροχόου τὰ μέσα ἀνίσχει ταραχώδης δὲ ὁ ἀὴρ ἐκ τοῦ ζεφύρου* | ♒ 15 | |
| 32 | *13.* ,, | 8. II. | *ὁ ὑδροχόος μέσος ἀνατέλλων· ζέφυρος πνεῖ* | ♒ 18 | |
| 33 | 22. ,, | 17. II. | Cl *δύεται ἡ παρθένος* | ♒ 27 | ♌ 26° 20′ *ν* Virg westl. Grenzstern |
| 34 | **28.** ,, | 23. II. | *λέων δύνειν λήγει, καὶ χελιδὼν φαίνεται, ἐπισημαίνει* | ♓ 3 | |

| | 1 | 2 | 3 | 4 | 5 |
|---|---|---|---|---|---|
| 35 | *13.* Phamenoth | 10. III. | *τῶν ἰχθύων ὁ νότιος ἐπιτέλλων λήγει βόρεας* Cl *ὁ ἵππος δύεται* | ♓ 18 | ♓ 17° 50′ α Androm |
| 36 | 22. „ | 19. III. | Hypsoma ♀ in Opposition zur Spica<br>Cl *ὁ δὲ ἰκτῖνος φαίνεται ἕως τῆς ἰσημερίας* | ♓ 27 | ♍ 26° 40′ Spica |
| 37 | 26. „ | 23. III. | *τῶν ἰχθύων ὁ βόρειος ἐπιτέλλων λήγει, ἰκτῖνος φαίνεται*<br>Cl 22./23. *κριὸς εἰς πλάτος ἀνίσχει* Ptol. 26. Pham. Fr Gl | ♈ 1 | |
| 38 | 27. „ | 24. III. | *σύνδεσμος τῶν ἰχθύων ἀνατέλλει · ἰσημερία ἐαρινή* | ♈ 2 | |
| 39 | 28. „ | 25. III. | *Τῶν δύο ἰχθύων κατ' ἰσότητα ἰόντων ἢ βορρᾶς ἢ ἀπαρκτίας* | ♈ 3 | ♈ 2° 30′ Nodus Pisc. |
| 40 | **29.** „ | 26. III. | *ὁ κριὸς ἄρχεται ἐπιτέλλειν*<br>Cl *οἱ ἰχθύες ἀνίσχουσιν* | ♈ 4 | |
| 41 | 2. Pharmuthi | 29. III. | Cl *ὁ σκορπίος δύεται* („aratisch"). — *ὁ κριὸς ἀνίσχει* | ♈ 7 | ♏ 6° 40′ γ Arietis westl. Grenzst. |
| 42 | 5. „ | 1. IV. | Cl *ὁ ἥλιος μίαν ε' ἡμέραις προστίθησι μοῖραν* | ♈ [10] | |
| 43 | 9. „ | 5. IV. | „ „ | ♈ 10 | |
| 44 | 17. „ | 13. IV. | Cl *μικροῦ παχνήτου ἀνατολή* | ♈ 18 | Lib Herm: cinct. Ari. — Oppos. zu α Libr. ♎ 18° |
| 45 | 18. „ | 14. IV. | Hypsoma ☉ | ♈ 19 | |
| 46 | *19.* „ | 15. IV. | *χηλαὶ ἄρχονται δύνουσαι* | ♈ 20 | |
| 47 | 28. „ | 24. IV. | *ὁ κριὸς λήγει ἐπιτέλλων*<br>Cl *ἀρχὴ παχνήτου καὶ ἔαρος* [4]) | ♈ 29 | |
| 48 | 29. „ | 25. IV. | Cl dasselbe | ♈ 30 | |
| 49 | 30. „ | 26. IV. | Cl *κρύπτεται ἡ ὑάς* | ♉ 1 | |
| 50 | **1.** Pachon | 27. IV. | *τοῦ ταύρου ἡ κέρκος ἐπιτέλλει* | ♉ 2 | |
| 51 | 2. „ | 28. IV. | Hypsoma ☾ (in Conjunkt. m. d. Pleias) [5]) | ♉ 3 | ♉ 2° 10′ westl. St. d. Pleias |
| 52 | 7. „ | 3. V. | Cl *ὁ κένταυρος ὅλος φαίνεται* (!). — *Ὑάδες* | ♉ 8 | ♉ 9° 0′ γ Taur |
| 53 | 8. „ | 5. V. | *ὁ Ὀνοκένταυρος ἄρχεται φαίνεσθαι* | ♉ 10 | ♉ 8° 30′ α Cent östl. Grenzst. |

| | 1 | 2 | 3 | 4 | 5 |
|---|---|---|---|---|---|
| 54 | 10. Pachon | 6. V. | Cl *τὸ μέσον τοῦ σκορπίου* Kall. *ἡ τοῦ ταύρου κεφαλὴ ἐπιτέλλει* | ♉ 11 | ♉ 9° – 11° 50′ Hyaden |
| 55 | 14. „ | 10. V. | Cl *ἡ κεφαλὴ τοῦ ταύρου ἀναφαίνεται* | ♉ 15 | |
| 56 | *18.* „ | 14. V. | Cl *ὁ σκορπίος δύεται* | ♉ 19 | |
| 57 | 29. „ | 25. V. | *ὁ ταῦρος λήγει ἀνατέλλων* Antiochos *Παχνίτου ἐκβάσις* | ♉ 30 | |
| 58 | 30. „ | 26. V. | Cl *δύεται ὁ ταῦρος* (nicht *ἀρκτοῦρος*, Wachsm. 2. Aufl.) | ♊ 1 | |
| 59 | **1.** Payni | 27. V. | *οἱ δίδυμοι ἄρχονται ἐπιτέλλειν* | ♊ 2 | |
| 60 | 30. „ | 25. VI. | Cl Ptol. *θερινὴ τροπή* | ♋ 1 | |
| 61 | 1. Epiphi | 26. VI. | Ovid Sommerwende | ♋ 2 | |
| 62 | **2.** „ | 27. VI. | *καρκίνος ἄρχεται ἐπιτέλλειν· τροπαὶ θεριναί*<br>Cl *βραχεῖα ἡ νύξ* | ♋ 3 | |
| 63 | 10. „ | 5. VII. | Cl *τὸ μέσον τοῦ καρκίνου ἀνίσχει* | ♋ 11 | ♋ 10° 20′ Praesepe |
| 64 | 14. „ | 9. VII. | Hypsoma ♃ | ♋ 15 | |
| 65 | *17.* „ | 12. VII. | Cl *οἱ πρόδρομοι τῶν ἐτησίων πνέουσιν* = 10. VII. | ♋ 18 | |
| 66 | 28. „ | 23. VII. | *καρκίνος λήγει ἀνατέλλων* | ♋ 29 | |
| 67 | 30. „ | 25. VII. | Cl *ὁ ὑδροχόος ἄρχεται δύεσθαι· ὁ δὲ κύων ἀνατέλλει* | ♌ 1 | |
| 68 | **1.** Mesori | 26. VII. | *Λέων ἄρχεται ἀνατέλλειν· νότος πνεῖ καὶ κύων ἀνατέλλων φανερὸς γίγνεται* | ♌ 2 | |
| 69 | 9. „ | 3. VIII. | Cl *ἐν τῷ διημέρῳ τούτῳ ὁ* | ♌ 10 | |
| 70 | 10. „ | 4. VIII. | *ἥλιος μίαν μοῖραν κρατεῖ* | ♌ 10 | |
| 71 | *14.* „ | 8. VIII. | *λέων μέσος ἀνατέλλων*<br>Cl *ὁ λέων* (sic) *ἀνίσχει καὶ τὸ μέσον τοῦ ὑδροχόου* | ♌ 14 | |
| 72 | 17. „ | 11. VIII. | Cl *φθινόπωρον ἄρχεται* | ♌ 17 | |
| 73 | 18. „ | 12. VIII. | Cl *ὡσαύτως* | ♌ 18 | |
| 74 | 27. „ | 21. VIII. | Cl *ὁ δὲ ἥλιος ἐφ’ ὅλης* [6]) *παρθένου* | ♌ 27 | ♌ 26° 20′ *ν* Virg westl. Grenzst. |
| 75 | **1.** Epag | 25. VIII. | *παρθένος ἐπιτέλλει* | ♍ 1 | |

Beim Ansatz der Zodiakalgrad-Tage wurde auf die Zeichenüberschriften des Ps.-Gem. Parapegma keine Rücksicht genommen, diese stammen aus einem anderen, späteren System. Die Zodiakaltage wurden vielmehr in dreißigtägigen Gruppen durchgezählt, beginnend mit ♍ 1 zum „Aufgang der Jungfrau“ (Sp. 4). Den laufenden Zodiakaltagen wiederum habe ich die laufenden Ekliptikgrade derart parallel gestellt, daß z. B. Tag 2 eines Zodiakalmonates dem Bezirk $1^0$ 01′ bis $2^0$ 00′ der Zeichen der Ekliptik entspricht. Die letzte Spalte enthält die Längen der Fixsterne nach Ptolemäus.

Cl = Clodius, Eukt = Euktemon, Notate ohne Autor sind „kallippisch“. Das ägyptische Datum des Beginnes der Zeichen ist fett gedruckt, die Daten der Zeichenmitten kursiv. Die Kardines sind im Text unterstrichen.

### Bemerkungen zur Liste

Varianten des Clodiusexzerptes (CCAG XI, 2, 168 ff:

28 *τροπὴ τοῦ ἡλίου.* — 34 *ὁ Ὑδροχόος ὑψοῦται.* — 35 *ὁ Ἰκτῖνος ἀπὸ ὑψελῶν φαίνεται.* — 36 *Ἰκτῖνος* zum 18. III. — 47 *μικρόν τι ἡ Λύρα φαίνεται.* — 58 *δύεται ὁ κριός.* — 59 *ὑψοῦται ὁ ἥλιος* [30d verfrüht vgl. 62]. — 25 *ἀρχὴ τοῦ χειμῶνος.* — 23 *ὁ τοξότης ἄρχεται ἀνίσχειν* zum 3. XII. — 25 *ὁ τοξότης ὅλος φαίνεται.* — 26 *τὸ πλέον τοῦ Αἰγοκέρωτος ἀνίσχει.*

Die Kallippischen wahren Phasen finden sich bei Ptolemäus lediglich mit ihren Episemasien (vgl. Art. Episemasiai von Rehm, R.-E. Suppl. VII, Sp. 178) gekennzeichnet wieder. Man vergleiche das System an Hand der julian. Tage, welche Wachsmuth seiner zweiten Lydusauflage beigegeben hat. Man wird sehen, daß durchgehend der äg. Tag um eine Einheit höher ist als in unserer Liste.

Die Hypsomatapositionen der Planeten (Bouché-Leclercq, L'Astrologie Grecque, 1890, S. 195) habe ich aufgenommen, um einen Fingerzeig zu geben, daß sie wahrscheinlich eng mit Naturerscheinungsnotaten verknüpft sind — man sehe die Clodiusbemerkungen in ihrer Nachbarschaft —, und daß man chronologische Rechnungen nicht an sie anknüpfen sollte.

Kallippos gebraucht die Bezeichnungen Schwanz, Kopf und Hörner des Stieres für Anfang, Mitte und Ende des Zeichens (vgl. Rehm PaSt 81). Über die Auffassung der Pleias als „Schwanz“ des Himmelsstieres vgl. Boll-Gundel, Sp. 945. Immerhin erscheint Aldebaran als Repräsentant des „Kopfes“ (Nr. 19) und ähnlich vielleicht (Nr. 55).

Textverderbnisse, wie untergehen für aufgehen oder Anfänge für Mitte, vice versa, dürfen uns den Blick nicht trüben, worauf schon Rehm hinweist.

Der Aufgang des Zeichens „Fische" wird ganz bildhaft halb geteilt in: Aufgang des südlichen Fisches und Aufgang des nördlichen Fisches.

Analog wird der Antares als „Mitte" des Zeichens ♏ behandelt. Clodius spricht von τοῦ σκορπίου τὸ μέσον ἄστρον auf den 12. Sept.

Ergänzend zur Fixsternliste sollen hier noch einige Orionnotate angeführt werden, denen wegen Willkür der Wahl nur eine Möglichkeit zugeschrieben werden kann:

Clodius 7. 11. = 10. Athyr = ♏ 15, Oriountergang. $\pi_1$ u. $\pi_2$ Orionis, beide ♉ 14° 50′ als westl. Grenzsterne.

1. 12. = 4. Choiak = ♐ 9, Orion geht ganz unter. Das ist die Opposition zur Länge des östlichen Grenzsternes $f_2$ bei ♊ 7° 20′.

### Anmerkungen zur Liste

[1] Am 4. Epag. = 28. VIII. fand nach äg. Götterlehre die Geburt der Isis statt (FK passim), Clodius notiert zu dem Tag ἡ παρθένος ἄρχεται φαίνεσθαι, bei Ps.-Gem. tritt die Sonne in das Zeichen — ♏ — ein.

[2] Bootes wird astrologisch stets in engste Beziehung zur Parthenos gesetzt, Boll Sph 354. — Maaß, Anal. Erat. 1883, 60 ff.

[3] Hinter diesem verworrenen Notat steckt wahrscheinlich, daß die Sonne das Bild der Jungfrau verläßt und in die Scheeren übertritt.

[4] Über den Begriff der Pachneten handelt eingehend Boll, Griech. Kal. I. Das Kalendarium des Antiochos, SHAW, 1910, Abh. 16, S. 22.

[5] Jeremias HAOG 215 bringt die Abbildung einer Ritzzeichnung aus Warka aus seleukidischer Zeit (nach Weidner, Arch. f. Orientf. IV, 1927, S. 73 ff), welche den Himmelsstier, die Plejaden und eine mythologische Darstellung des Dämons der Sonnenfinsternis oder Mondfinsternis als Hypsomabild in einer Gruppe zeigt.

[6] Damit ist hier vielleicht der Grenzstern des weit über seine Zeichengrenzen herausragenden Bildes gemeint.

## Der Ausgleich der Sonnenanomalie

Kallippos kannte die verschiedenen Längen der Jahreszeiten, die von Meton und Euktemon festgestellt worden waren, und suchte mittels zusätzlicher homozentrischer Sphaeren das bekannte eudoxische Modell (vgl. G. V. Schiaparelli, Die homocentrischen Sphären des Eudoxos, des

Kallippus und des Aristoteles, deutsch von W. Horn, Abh. z. Gesch. d. Mathem. I, 1877, *S. 186) dahin zu verbessern, daß unter anderem auch[1] die Sonnenanomalie mittels einer hippopedischen Schleife zustande kam**. Zwei Notate bei Clodius geben uns eine Andeutung, wie er weiterhin verfuhr.

1. April: ὁ ἥλιος μίαν ἡμέρᾳ προστίθησι μοῖραν. Rehm (PaSt 45) emendiert willkürlich: οὐδεμίαν μοῖραν προστίθησι, während wir konjizieren wollen: ὁ ἥλιος μίαν ε' ἡμέραις προστίθησι μοῖραν.

Ferner heißt es zum 4. August: ἐν τῷ διημέρῳ τούτῳ ὁ ἥλιος μίαν μοῖραν κρατεῖ. Kallippos konnte mittels der Hippopede nur einen bestimmten Zeitüberschuß im sommerlichen Sechszeichenlauf gegen einen gleich großen Unterschuß im winterlichen Sechszeichenlauf zur plausiblen Erklärung bringen. Die Quartale zu $90^d$ angenommen[2], konnte er nur je 2 Tage dort gegen je 2 Tage hier auswägen mit dieser Mechanik — also das Sommerhalbjahr auf $182^d$ heraufsetzen gegen ein Winterhalbjahr von $178^d$. Die fehlenden 5 Überschußtage verteilte er in eine Gruppe zu $4^d$ auf ♈ $10^0$ und $1^d$ auf ♌ $10^0$. Die kalendarische Verwendung derart für den Sonnenlauf verlorener Tage waren zu Kallippos' Zeiten nichts Außergewöhnliches, geschahen doch nach bekannter ägyptischer

[1] Böckh XI, Z. 3 f: „wohl zu merken, daß die drei Eudoxischen Sphaeren der Sonne überhaupt nicht auf jene Anomalie berechnet waren." Vgl. S. 70 Z. 9. — Wir werden unten sehen, daß man temporär durchaus mit dem genuin Eudoxischen System auch für die Sonne eine Anomalie erhalten konnte.

[2] Noch bei Ptolemäus, Synt. l. III, c. 4, wird anläßlich der perspektivischen Konstruktion der Sonnenanomalie am gleichförmigen Kreislauf festgehalten (vgl. Hans Gundel, Art. Planeten R.-E., XX, 1950, Sp. 2059). Das Eudoxische System mit zentrisch laufender Sonne konnte die Anomalie des 92 tägigen Winterquadranten nicht erklären (mit etwa im Verhältnis 360 : 368 herabgesetzter (gleichförmiger) Sonnengeschwindigkeit). Dieses Schema mußte mit „Lumpensammler"-Tagen rechnen.

* Suppl.-Heft zur Ztschr. f. Math. u. Phys. XXII, 137 ff. Die Originalarbeit erschien unter dem Titel: Le sfere omocentriche di Eudosso . . ., Memorie del R. Instituto Lomb., Cl. di scienze mat. e nat. XIII, 1875.

** Erzeugt durch zwei zusätzliche Sphaeren.

Legende die fünf Göttergeburten der R h e a an fünf außerhalb aller Jahres- und Monatsrechnung liegenden Tagen, ungesehen von Sonne und Mond (Plut. de Is. c. 12). Unser Diagramm Fig. 3 zeigt, daß dem K a l l i p p o s mit diesen beiden Maßnahmen die Darstellung des anomalen Sonnenlaufes im Kalender gut gelungen ist. Daß die Clodiustelle zum 1. April im Laufe der Tradition verderbt wurde, ist kein Wunder, vielleicht glaubten die Abschreiber sich in den April geschickt[1].

Die beiden Schaltungen des Kallippos liegen um eine Tetramenie auseinander. Das Problem des Kallippischen Sonnenmodells in seiner Vollständigkeit darzustellen, muß Aufgabe einer späteren Arbeit bleiben.

Im Kalender des Hibeh-Papyrus, der nach seinem Herausgeber J. G. S m y l y aus den Jahren 301—298 v. Chr. stammend auf das engste mit Eudoxischer kalendarischer Überlieferung zusammenhängt (G r e n f e l l and H u n t, The Hibeh Papyri I, London, 1906, S. 138 ff) heißt es zum 20. Pharmuthi[2]: *κ ἡ νὺξ ὥρων ι, ἡ δ' ἡμέρα ιδ καὶ ἐκ τοῦ αὐτοῦ ἀνατέλλει ὁ ἥλιος ἡμέρας γ*, dieselbe Stundenangabe zum 21., 22. und 23. Am 24. erfahren wir: *ἡλίου τροπαὶ εἰ θέρος καὶ ἡ νὺξ μείζων γίνεται* ... (a.a.O., S. 148, Col. VIII Z. 115 ff). Diese Schaltung führt freilich n i c h t zu der spezifisch eudoxischen Jahresteilung.

Das genannte Stundenverhältnis galt den Alten für die Sommersonnenwende in „Unterägypten". Der Text sagt etwas anderes als die Tagesrechnung des Kalenders, denn vom 20. bis 23. solle das Sommerwendverhältnis gültig sein und daraufhin erst die Sommerwende am 24. eintreten. Der Prototypus muß also die Sonne fünf Tage im selben Grad haben verweilen lassen, davon vier verlorene Tage ohne Sonnenlauf, es sei denn, daß die Rede von einer und derselben Horizontstelle sei.

[1] Jos. 10, 12/13.

[2] Der 20. Pharmuthi ist nach unserer Liste dem 21. Grad des Widders gleichzustellen, in welchem Saturn sein Tapeinoma hat, vgl. Lib Herm zu ♈ 21° *facit infimos ad omnia*, p. 52, 14 G. Der Grad schien geeignet, um in ihn ein sehr langsames Dahinschleichen der Sonne zu verlegen.

## Der kalendarische Fixsternlängenkatalog

Es stellt sich heraus, daß Kallippos eine Reihe Notierungen bringt, die unter den tarnenden Ausdrucken wie: ἐπιτέλλειν, ἀνατέλλειν, δύνειν, den wahren Auf- oder Untergang* der ekliptikalen Längenpunkte (d. h. der Fußpunkte der die Sterne schneidenden Längenkreise) im Horizont definieren sollen und mit heliakischen Erscheinungen nichts zu tun haben. So finden wir — in Kalenderdaten ausgedrückt — die Längen bedeutenderer Sterne, wie: Protrygeter, Arctur, Spica, Frons Scorpii, Aldebaran, Gemma, Regulus, Nodus Piscium, $\alpha$ Centauri, Praesepe. Erstaunlich ist darüber hinaus die genaue Vermessung der weniger hellen Grenzsterne der Bilder wie $\nu$, $\mu$, Virg, $\pi_2$, $\pi_3$ und $f_2$, Ori, 16 Plei. $\gamma$ Bootis hat von den Sternen des Körpers die westlichste Länge. $\eta$ Virg scheint in alter Zeit in die Schulter der Jungfrau gesetzt worden zu sein.

Diese genaue Vermessung der Fixsterne nach Längen ist also vorkallippisch. Ptolemäus gibt nur die Überlieferung weiter.

Rehms Frage nach dem Bestand der Kalender an wahren Phasen — insbesondere solcher Fixsternphasen bei Kallippos außer den Zeichenanfängen — (Art. Parapegma, 1335; 1347) findet eine überraschende Beantwortung dahin, daß bei Kallippos nicht die Sternposition, sondern die Sternlänge die Grundlage seiner Angaben ist. In der sowohl kalendarischen als astronomischen Unbrauchbarkeit des Gedankens scheint der Grund gelegen zu haben, daß das Parapegma des Kallippos „früh als Ganzes untergegangen ist, so daß sich nur die mehr oder weniger zufälligen Erwähnungen in Sammel-P. erhalten haben“ (Rehm).

Für die Geschichte der griechischen Sternvermessung sind uns heutzutage freilich die kallippischen Angaben von hohem Wert.

Noch im Lib Herm werden die Angaben über die Längen der Fixsterne mit „*oritur*“ eingeführt (Gundel, S. 142 ff).

* Eine übersichtliche Terminologie der heliakischen Erscheinungen gibt P. V. Neugebauer, Astron. Chronol. I, 1929, S. 149.

## Die Zeichenanfänge

Unser Diagramm (Fig. 3) der Aufgänge der Zeichenanfänge nach Kallippos, bezogen auf die laufenden Tage der ägyptischen Monate — einschließlich der Epagomenen —, zeigt oberhalb der Mittellinie eine beachtliche Symmetrie. Die Konjektur, welche zu den bekannten kallippischen Diastemataziffern der Jahrpunkte führen würde, habe ich gestrichelt eingezeichnet.

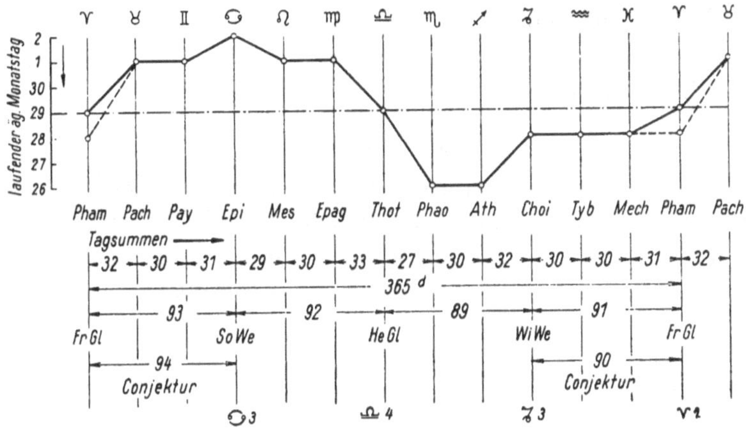


Fig. 3. Wahrer Aufgang der Zeichenanfänge nach dem Schema des Kallippos. Die Ziffer des laufenden ägyptischen Monatstages gibt das Datum des Eintritts der Sonne in die Zeichen an.

## Die Längen der Jahresquartale

Zur Übersicht schreibe ich nachstehend die Zahlen der verschiedenen Systeme an. „Astronomisch" auf das Jahr —400 gerechnet nach Schoch.

| | astron. | Kall.* | unsere Liste Z. Anf. | unsere Liste Kard. | Ptol. Kal. | Eud.* | Euktem.* | Hipparch Geminos |
|---|---|---|---|---|---|---|---|---|
| FrGl. bis SoWe | 94.2 | 94 | 93 | 95 | 95 | 91 | 93 | $94^1/_2$ |
| SoWe bis HeGl | 92.1 | 92 | 92 | 92 | 92 | 91 | 90 | $92^1/_2$ |
| HeGl bis WiWe | 88.5 | 89 | 89 | 89 | 88 | 92 | 90 | $88^1/_8$ |
| WiWe bis FrGl | 90.2 | 90 | 91 | 89 | 90 | 91 | 92 | $90^1/_8$ |

Vgl. Ginzel, HB II, 283; 423. — Rehm, Griech. Kal. III, SHAW, 1913, Abh. 3, S. 30. — Rehm PaSt 42 Anm.

* Angaben des Eudoxos-Papyrus, Wachsmuth, Lyd², p. 301.

Nach dem Festkalender von Dendera (Brugsch FK, S. 4. — Thes. 422) wurde am 28. Phamenoth das große Fest des fliegenden Sonnenkäfers der Frühlingsgleiche gefeiert. Es war dies der 270. Tag seit der Empfängnis des Horus durch Isis am 4. Epiphi[1] (FK S. 6; der Steinmetz hat einen Monatsstrich für das Geburtsdatum zuviel gesetzt, der sich aus dem Fehler ergebende 28. Pharmuthi ist Unsinn).

Lassen wir uns verleiten, die Kallipposüberlieferung Nr. 40 der Liste auf den 28. Phamenoth zu emendieren, so erhalten wir genau das aus dem Eudoxospapyrus bekannte Schema des Kallippos (Spalte 2 obiger Zusammenstellung).

## Die Monatsmitten

Ein Versuch, die Monatsmitten mit einer entsprechenden Reihe von Zodiakaltagen in übersichtliche Korrespondenz zu setzen, scheiterte, dagegen können wir aus einer graphischen Aufzeichnung mit den ägyptischen Kalendertagen als Abszissen

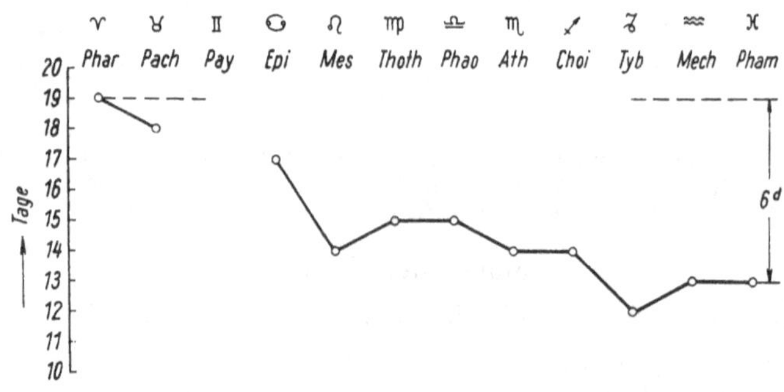


Fig. 4. Rückschaltung der Vollmondtage innerhalb der 30 tägigen ägyptischen Monate, ohne Einschaltung von Epagomenen.

Bei Verwendung der Clodiuszitate Liste Nr. 31 und Kalender 8. März (11. Pham.) zeigt sich die ursprüngliche Tendenz der Kurve, die Epakten zu berücksichtigen, noch besser.

---

[1] D. i. der 29. Juni, drei Tage vor dem Datum des Festtages „Mariae Heimsuchung". Luc. 1, 39: Ἀναστᾶσα δὲ Μαριὰμ ἐν ταῖς ἡμέραις ταύταις ἐπορεύθη (scil. der Verkündigung).

(Fig. 4) eine gewisse Tendenz der Anordnung erkennen, wenn schon im einzelnen Fehler und Auslassungen vorliegen. Für das fehlende Datum im Epiphi könnte man ersatzweise das Notat des Clodius über den Orionaufgang und den Beginn der Prodromoi zum 12. Juli (= 17. Epiphi) nehmen. Ich glaube aus dem Kurvenverlauf herauslesen zu können, daß die Vollmonde — als Manifestanten der Monatsmitten — im Ablauf von 12 ägyptischen Monaten (ohne Epagomene) um insgesamt sechs Tage im Datum des Monatstagzählung zurückgesetzt werden sollten, und zwar war das ganze Schema abgestellt auf den Vollmondstag des ägyptischen Kalenders κατ' ἐξοχήν, den 19. Pharmuthi (= ♈ 20), am Fest des Auges der Majestät Râ, Sall IV. $6^d + 5$ Epag. = 11 Epakte.

Den Thothischen Mondaffen mit dem Sonnensperber auf dem Haupt finden wir auf dem astronomischen Deckenrundbild aus dem Hathortempel von Dendera[1] (Déscr. de l'Ég. t. IV, Pl. 21 und anderwärts in der Literatur) zu Mitte Widder angeordnet. Bei Pietro d'Abano (Astrolabium planum ed. Johannes Angelus, Augsburg, 1488) finden wir ein Gradbild „Sol contra Solem splendens" zu Widder 26°.

Das Gegenüberstehen der beiden großen Lichter hieß nach bab. Lehre die „Wagestellung", SSB II, 56. Erg. 338; 250, 1; 340 Anm.). Daher Firm. VIII, 25, 7 zu ♎ 20 „*habebunt actus de mensuris et ponderibus*".

Die Sonne-Mond-Opposition wurde aber auch beschrieben als „sich gegenseitig ansehen", SSB Erg., 272f, deshalb zeichnet wahrscheinlich Abano zu ♈ 21 einen Löwen und einen Hund, welche sich gegenüber sitzen und mit geöffneten Rachen anstarren.

Der jeweils 19. eines Monates war der Tag des eponymen Festes; wenn er tatsächlich mit einem Vollmond koinzidierte, so wurden auf ihn die Krönungen, Tempelweihen, Lychnapsien

---

[1] Boll Sph S. 42, 2: Teukros zu ♈ 20 *ὁ τὰ λύχνα φέρων*. — Lib. Herm. S. 50, 21 Gundel: *Cynocephalus deferens candelabram*, und S. 52, 8 zu Widder (15°—)20°: *qui defert lucernas*. — Zu Sonne und Mond als Fackelträger vgl. Hauber, Planetenkinderbilder und Sternbilder, 1916, S. 131 ff.

und Wasserfahrten der Götter verlegt, vgl. Böker, Ber. z. vorgr. Astr. I, S. 3 (Priv.-Dr. 1948).

## Die Kallippischen Kardines und Eudoxisches System II

Trotz der wie Zuschaltungen wirkenden beiden Irregularitäten des Sonnenlaufes bei Kallippos haben seine Jahrpunkte folgenden, scheinbar symmetrisch beabsichtigten, zodiakalen Gang: FrGl ♈ 2, SoWe ♋ 3, HeGl ♎ 4, WiWe ♑ 3, FrGl ♈ 2. Die eigentümliche Asymmetrie der Kardines innerhalb ihrer Zeichen ist eine Folge der Bewegung der dritten Sonnensphaere[1]. Dieselbe verzögerte stetig die gleichmäßige Bewegung der Sonne von $4 \times 91.25 = 365$ Tagen (verursacht durch die zweite Sphaere) auf 365.25 Tage und führte die Sonne im Laufe einer Periode von $1440^{a}$[2] — die Siriusapokatastase — auf einem zur Ekliptik schwach geneigten Großkreis von einer Breite $+ 1/2^0$ über $0^0$, $- 1/2^0$, $0^0$ auf $+ 1/2^0$ zurück[3]. Die jährliche de facto-Sonnenbahn verlief also das Jahr über ein klein wenig (nördlich oder südlich) parallel der theoretischen Ekliptik hin. Man beachte, daß die dritte Sonnensphaere des Eudoxos und des Kallippos nicht eine Bewegung der — bei den Solstizien gelegenen — Knoten bewirkte, wie die zweite Sphaere beim Mond, sondern nur eine periodische Pendelung der Sonnenaufgangspunkte im Horizont, im besonderen derjenigen der Gleichenpunkte (dazu natürlich die langsame Regression von 15′ jährlich auf dem schrägen Kreis).

Das führte zu der schon im Altertum stark umstrittenen Vorstellung von einer „Breite“ der sphaerischen Kreise (Hipp comm. 94, 1 ff Man.-Arat v. 467).

---

[1] Aber nicht in dem Sinne, wie Manitius ausführt, Proclus Hypotyp. S. 294, Z. 33.

[2] Bei 91d im Quartal 288a. Zehn dieser Perioden könnten die vielerörterte äg. Sonnenpendelungsperiode bedeuten, Herod. II c. 142 (= I p. 205, 6 ff, Kallenb.).

[3] Die Bewegung der dritten Sphaere ist mit Sicherheit retrograd, die Gedankenführung der Erörterung hierüber bei Simplicius (Schiap.-Horn, S. 183 f) läßt gar keinen anderen Schluß zu.

Hielt man andererseits daran fest, daß im besonderen der Äquator „unbreit" sein müsse — also die Gleichenpunkte der Sonne nur dann erreicht seien, wenn sie genau im Ost- oder Westpunkt des Horizontes aufgehe —, dann mußte der durch die dritte Sphaere bewirkte Exzeß nach der Breite notwendig zu einer Verschiebung der solaren Gleichenstellung auf den Graden der Ekliptik (d. h. der Zeichen) selbst führen. Diese Konsequenz finden wir bei Eudoxos noch nicht, wohl aber bei Kallippos, wie das obige Schema zeigt.

Damit ist aber die Theorie der Trepidation der Gleichenpunkte, wie sie seitdem über ein Jahrtausend lang in den eigenartigsten Formen immer wieder auftrat, begründet (vgl. E. Zinner, Gesch. d. Sternk. 87; 184; 291; Lit. Verz. s. v. Martin. — Schiap.-Horn S. 133)[1].

Die Diastemata obiger Serie sind (in Gradtagen) 91 91 89 89, mit der Kallippischen Zuschaltung von $4^d$ und $1^d$ kommen wir auf 95 92 89 89.

Im Hibeh-Kalender (um 300 v. Chr.) erfolgt der Eintritt der Sonne in die Zeichen am 5. Tybi, 6. Mechir, 4. Phamenoth, 3. Pharmuthi, 6. Pachon, 4. Payni, ? Epiphi, 2. Mesori (Grenfell and Hunt, The Hibeh Papyri, Part I, London, 1906, S. 152).

Die Sonne läuft also bei (Eudoxos und) Kallippos im Jahreslauf nicht mehr auf einem Großkreis, sondern auf einem „Parallel" zur Ekliptik. Da aber der Äquator ein Großkreis bleibt, so wird er nicht mehr exakt halbgeteilt von diesem „Parallel", wir haben also überraschenderweise doch implicite eine Berücksichtigung der Anomalie in dem Eudoxischen System.

Aber diese ist im Laufe der Zeiten inkonstant und wechselt das Vorzeichen, deshalb macht Eudoxos von dieser Wirkung der dritten Sphaere keinen Gebrauch, soweit die Überlieferung geht.

[1] Die in ihrer Wirkung erstmalig bei Kallippos auftretende Trepidation hat ihrer Theorie nach zur Konsequenz, daß nach 360 und 1080 Jahren die Kardines auf gleichnamigen Graden der Zeichen liegen (Eudoxische Form: Sonnenbr. $0^0$) und daß nach 720 Jahren FrGl und HeGl ihre Grad-Ziffern vertauscht haben, $\frac{1}{2}^0$ pos. Breite der Sonne beim Kallippischen System.

## Ergebnisse

In kalendarischer Transkription ist uns von Kallippos eine Liste von Fixsternlängen überliefert, welche auf der — auch von Ptolemäus benutzten — festen griechischen Ekliptik vermessen sind. Die Kallippische Tabelle rechnet mit vier Tagen Sonnenlaufstockung ab 1. April und einem Tag am 4. August. Die Kallippischen Jahrpunkte haben eine der ptolemäischen sehr ähnliche Anordnung, man darf wohl annehmen, daß Ptolemäus die Diastemata, ohne seinen und des Kallippos Gewährsmann zu nennen, in seinem Kalender verwertet hat. Eine leicht vertretbare Konjektur bei der Winterwende auf den 27. Choiak = 24. Dez. (Chaldäer bei Columella, p. 313, 19 Wachsm.[2]) würde volle Übereinstimmung zwischen Kallippos' und Ptolemäus' Diastemata herbeiführen.

Immerhin glaube ich, die Abhängigkeit des Ptolemäus von sehr frühen Vorgängern dargetan zu haben. Das Urteil des Manitius (Weltall, 5. Jahrg., S. 507) über seine Art, die Verdienste der Vorgänger zu verschleiern, ist nicht zu scharf.

*

Herrn Prof. Dr. B. L. van der Waerden, Zürich, möchte ich an dieser Stelle für die in langjährigem Gedankenaustausch gegebenen Anregungen zu den Grundfragen dieser Arbeit meinen herzlichen Dank aussprechen, zugleich für die Förderung, die er der Veröffentlichung der Untersuchung hat angedeihen lassen. — Herrn Konrektor a. D. Karl Lochmann danke ich für die Durchführung der Rechnungen.

## Literaturnachweis zum Sachgebiet und Siglen

| | |
|---|---|
| ABAW | Abhandlungen der Bayrischen Akademie der Wissenschaften, phil.-hist. Abt. |
| SBAW | Sitzungsberichte der Bayrischen Akademie der Wissenschaften, München, phil.-hist. Kl. |
| BSGW | Berichte über die Verhandlungen der Sächsischen Gesellschaft der Wissenschaften, math.-phys. Kl. |
| SHAW | Sitzungsberichte der Heidelberger Akademie der Wissenschaften, phil.-hist. Kl. |
| JNES | Journal of Near Eastern Studies USA. |
| R.-E. | Realenzyklopädie der klassischen Altertumswissenschaften, hergg. von Pauly-Wissowa. |

| | |
|---|---|
| Myth.-Lex. | W. H. Roscher, Lexikon der griech. u. röm. Mythologie, Leipzig. |
| Dar.-Sagl. | Ch. Daremberg et M. Edmond Saglio, Dictionnaire des Antiquitées grecques et romaines, Paris. |
| QSt | Quellen und Studien zur Geschichte der Mathematik, Astronomie und Physik, Abt. B, Studien, Berlin, 1929 bis 1938, hergg. von P. Neugebauer und O. Toeplitz. |
| Abano | Astrolabium planum in tabulis ascendens ... Venice 1488 und 1502 (Luc'Antonio de Giunta). |
| Berger Erdk | Hugo Berger, Geschichte der wissenschaftlichen Erdkunde der Griechen, Leipzig, 1903. |
| Böckh | August Böckh, Über die vierjährigen Sonnenkreise der Alten vorzüglich den Eudoxischen, Berlin, 1863. |
| Boll Sph | Franz Boll, Sphaera, Neue griech. Texte und Untersuchungen zur Geschichte der Sternbilder, Leipzig, 1903. |
| Boll-Gundel | Fr. Boll und Wilhelm Gundel, Art. Sternbilder, Sternglaube und Sterndeutung, Myth.-Lex., Bd. VI, Sp. 868 ff. |
| Brugsch Thes | Heinrich Brugsch, Thesaurus Inscriptionum Aegyptiacarum, Teil I: Astronomische und Astrologische Inschriften altägyptischer Denkmäler, Leipzig, 1883. |
| Brugsch FK | Heinrich Brugsch, Drei Festkalender des Tempels von Apollinopolis Magna, Leipzig, 1877. |
| Diels FV | Hermann Diels, Die Fragmente der Vorsokratiker², Berlin. |
| Firm | Iulii Firmici Materni Matheseos Libri VIII ed. W. Kroll et F. Skutsch, Bd. II, Leipzig 1913. |
| Ginzel HB | F. K. Ginzel, Handbuch der mathematischen und technischen Chronologie, Leipzig, Bd. I 1906, Bd. II 1911, Bd. III 1914. |
| Gundel LibHerm | Wilhelm Gundel, Neue astrologische Texte des Hermes Trismegistos, Funde und Forschungen auf dem Gebiet der antiken Astronomie und Astrologie, ABAW, NF Heft 12, München, 1936. |
| Gundel Parant | ders., Art. Paranatellonta, R.-E. Bd. XVIII, 1949, Sp. 1214 ff. |
| Gundel Dek | ders., Dekane und Dekansternbilder. Studien der Bibliothek Warburg, XIX, 1936, Hamburg-Glückstadt. |
| Ideler HB | Ludwig Ideler, Handbuch der mathematischen und technischen Chronologie, 2 Bde., 1825/26. |
| Ideler Sternn | ders., Untersuchungen über den Ursprung und die Bedeutung der Sternnamen, Berlin, 1809. |
| Jeremias HAOG | Alfred Jeremias, Handbuch der altorientalischen Geisteskultur, Leipzig, 1929. |

| | |
|---|---|
| Kugler BMR | Franz Xaver Kugler, Die babylonische Mondrechnung, Freiburg, 1908. |
| Kugler SSB | ders., Sternkunde und Sterndienst in Babel, Münster, Bd. I 1907, Bd. II 1909/10, Erg.-Bd. 1913 und 3. Erg. Heft von Johann Schaumberger, 1935. |
| Maaß comm | Ernst Maaß, Commentariorum in Aratum reliquiae, Berlin, 1894. |
| (Manitius) Hipp | Hipparchi in Arati et Eudoxi Phaenomena Commentariorum libri tres ed. C. Manitius, Leipzig, 1894. |
| Plut | Plutarch über Isis und Osiris, hergg. von Gustav Parthey, Berlin, 1850. |
| Rehm PaSt | Albert Rehm, Parapegmastudien, ABAW, NF Heft 19, 1941. |
| Rehm Parap | ders., Art. Parapegma, R.-E., Bd. XVIII, Sp. 1295—1366. ders., Art. Kallipos, R.-E. Suppl. IV, Sp. 1435 ff. |
| Sall IV | Le Calendrier des Jours fastes et néfastes de l'année égyptienne, par F. Chabas, Chalon-Paris. |
| Schl.-Gis. | Alois Schlachter und Friedrich Gisinger, Der Globus, seine Entstehung und Verwendung in der Antike, Stoicheia, Heft VIII, Leipzig-Berlin, 1927. |
| Tannery Rech. | Paul Tannery, Recherches sur l'histoire de l'Astronomie ancienne, Paris, 1893. |
| Wachsmuth Lyd | Ioannis Laurentii Lydi Liber de Ostentis et Calendaria Graeca omnia ed. Curtius Wachsmuth, Leipzig 1863 (erste Ausgabe), und wesentlich erweitert und mit Daten ergänzt 1897. 2. Ausg. |
| Weidner HB | E. F. Weidner, Handbuch der babylonischen Astronomie, Leipzig, 1915. |
| van der Waerden PlaR | ders., Zur babylonischen Planentenrechnung, Ztschr. Eudemos I, Kopenhagen, 1941. |


Zur Ableitung der Kreisteilung vom 360tägigen Rundjahr vergleiche:


Edmund Hoppe, Mathematik und Astronomie im klass. Altertum, 1911, S. 30 u. 328 f.

Wilh. Kubitschek, Grundriß d. ant. Zeitrechnung, 1928, 26 f.

O. Neugebauer, QSt IV, 1938, S. 276.

Kurth Sethe, Die Zeitrechnung d. alten Ägypter im Verhältnis zu der der anderen Völker, Gött. Nachr., phil.-hist. Kl., 1920, S. 99 f.

Heinrich Zimmern, Das Princip unserer Zeit und Raumteilung, BSGW, phil.-hist. Kl. 53, 1901, S. 47 ff. Grundlegende Erörterung!

MIX

Papier | Fördert gute Waldnutzung

FSC® C083411

Zeitfracht Medien GmbH
Ferdinand-Jühlke-Straße 7
99095 Erfurt, Deutschland
produktsicherheit@kolibri360.de